T0216214

Technik im Fokus

Technik im Fokus

Photovoltaik – Wie Sonne zu Strom wird
Wesselak, Viktor; Voswinckel, Sebastian, ISBN 978-3-642-24296-0

Komplexität – Warum die Bahn nie pünktlich ist
Dittes, Frank-Michael, ISBN 978-3-642-23976-2

Kernenergie – Eine Technik für die Zukunft?
Neles, Julia Mareike; Pistner, Christoph (Hrsg.), ISBN 978-3-642-24328-8

Energie – Die Zukunft wird erneuerbar
Schabbach, Thomas; Wesselak, Viktor, ISBN 978-3-642-24346-2

Weitere Bände zur Reihe finden Sie unter
http://www.springer.com/series/8887

Marc-Denis Weitze · Christina Berger

Werkstoffe

Unsichtbar, aber unverzichtbar

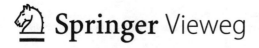 **Springer** Vieweg

Marc-Denis Weitze
acatech Geschäftsstelle
München, Deutschland

Christina Berger
TU Darmstadt
Darmstadt, Deutschland

ISSN 2194-0770
ISBN 978-3-642-29540-9
DOI 10.1007/978-3-642-29541-6

ISSN 2194-0789 (electronic)
ISBN 978-3-642-29541-6 (eBook)

Die Deutsche Nationalbibliothek verzeichnet diese Publikation in der Deutschen Nationalbibliografie; detaillierte bibliografische Daten sind im Internet über http://dnb.d-nb.de abrufbar.

Springer Vieweg
© Springer-Verlag Berlin Heidelberg 2013

Gedruckt auf säurefreiem und chlorfrei gebleichtem Papier

Springer Vieweg ist eine Marke von Springer DE.
Springer DE ist Teil der Fachverlagsgruppe Springer Science+Business Media
www.springer-vieweg.de

Vorwort

In ihrem Positionspapier „Materialwissenschaft und Werkstofftechnik in Deutschland" setzt sich acatech, die Deutsche Akademie der Technikwissenschaften, für eine stärkere öffentliche Wahrnehmung und „Sichtbarkeit" der Werkstoffe in Deutschland ein, die ihrer tatsächlichen Bedeutung angemessen ist. „Design, Marke und Funktionalität stehen in der Kundenwahrnehmung häufig im Vordergrund. Meist wird dabei verkannt, dass gerade die Werkstoffe oder Werkstofftechnologien das Produktdesign wesentlich prägen und dem Produkt seine spezifischen und einzigartigen Eigenschaften verleihen."[1]

„Unsichtbar, aber unverzichtbar" lautete daher das Motto eines Journalistenworkshops der Akademie zum Thema Werkstoffe im Jahr 2009 im Deutschen Museum in München und eines Side Events im Rahmen der MSE-Tagung im Jahr 2010 in Darmstadt. Diese Veranstaltungen boten ausreichend Motivation und auch Anschauungsmaterial, um zu dem vermeintlich spröden Thema „Werkstoffe" diesen allgemein verständlichen Überblick zusammen zu tragen.

In diesem Buch betrachten wir, was Werkstoffe sind, welche Vielfalt an Werkstoffen existiert, wie Werkstoffe zu ihren Eigenschaften kommen, wie Werkstoffeigenschaften maßgeschneidert werden können und welche Entwicklungspotenziale bestehen. Ausgangspunkt sind dabei die Bedarfsfelder „Energie", „Information und Kommunikation" sowie „Mobilität", zu denen exemplarische Beiträge der Materialwissenschaft und Werkstofftechnik vorgestellt werden. Dabei werden insbesondere

---

[1] acatech: Materialwissenschaft und Werkstofftechnik in Deutschland (acatech BEZIEHT POSITION – Nr. 3), Fraunhofer IRB Verlag, Stuttgart 2008, S. 17.

neuere Entwicklungen in den Blick genommen, ohne traditionelle Werkstoffe zu übersehen. Umrahmt werden die Bedarfsfelder von „Strukturen und Eigenschaften" und „Qualitätssicherung" – womit dieses Buch die Kette vom Atom zum Produkt abbildet.

Dieses Buch kann und will keinen Anspruch auf enzyklopädische Vollständigkeit erheben. Vielmehr stellt es Werkstoffe anhand von Beispielen vor, möchte Interesse wecken und die Aufmerksamkeit schärfen, wo und wie Werkstoffe unser Leben durchdringen.

Unser Dank für wertvolle Kommentierungen von Textentwürfen geht insbesondere an Frank O. R. Fischer, Hermann W. Grünling, Manfred Hennecke, Hartwig Höcker, Helmut A. Schaeffer, Christoph Uhlhaas und Albrecht Winnacker. Anton Erhard, Bernd Isecke, Karl-Heinz Mayer, Harald Zenner und Eike Lehmann haben darüber hinaus mit Textergänzungen beigetragen. Christian Busch und Ralf Fellenberg vom VDI Technologiezentrum danken wir für ihre Hilfe bei der Bildrecherche.

Christina Berger, Sprecherin acatech Themennetzwerk „Materialwissenschaft und Werkstofftechnik"

Marc-Denis Weitze, Wissenschaftlicher Referent, acatech Geschäftsstelle

Inhaltsverzeichnis

Einleitung 1

Zement ist einer der meistverwendeten Stoffe der Welt: Über eine Milliarde Tonnen davon werden jährlich produziert. Die Ausgangsmaterialien Kalkstein und Ton findet man überall. Für die Zementherstellung braucht man sehr viel Energie: Kalkstein muss gebrochen und gemahlen werden, er wird mit Ton vermischt und bei 1450 Grad Celsius gesintert und schließlich staubfein gemahlen. Das Gemisch aus Kalzium-, Silizium-, Aluminium- und Eisenoxiden als wesentlichen Bestandteilen wirkt als Bindemittel, das nach Zugabe von Sand und Anrühren mit Wasser durch chemische Reaktionen abbindet und steinhart wird. Schon heute wird die Zementherstellung für fünf Prozent des weltweiten Kohlendioxid-Ausstoßes verantwortlich gemacht: Die Hälfte des Kohlendioxid wird durch chemische Umwandlung aus dem Kalk freigesetzt. Die andere Hälfte ist dem Energieaufwand geschuldet, vor allem beim Brennen. Daneben werden u. a. Stickoxide und Schwefeloxid ausgestoßen. Und der weltweite Zementbedarf steigt weiter. Fast die Hälfte produziert und verbaut derzeit China. Zement ist mithin ein Beispiel für ein Material, das seit Jahrhunderten verwendet wird, allein mengenmäßig immer weiter an Bedeutung gewinnt – jedoch auch Herausforderungen aufwirft.

Zement wiederum wird zum größten Teil zur Herstellung von Beton gebraucht, dem meistbenutzten Baustoff der Welt. Neben dessen konstruktiven Eigenschaften, insbesondere der hohen Druckfestigkeit, sind die leichte Verarbeitbarkeit und die vielfältigen Gestaltungsmöglichkeiten ein großer Pluspunkt: Beton wird als wässrige Aufschlämmung aus Zement und einem Zuschlagstoff – meist Kies – als Flüssigkeit in die ge-

M.-D. Weitze, C. Berger, *Werkstoffe*, Technik im Fokus,
DOI 10.1007/978-3-642-29541-6_1, © Springer-Verlag Berlin Heidelberg 2013

Abb. 1.1 Beim Bau des Deutschen Museums zu Beginn des 20. Jahrhunderts kam der damals neue Baustoff Stahlbeton zum Einsatz. (Bildrechte: Deutsches Museum)

wünschte Form gegossen und bindet innerhalb von Stunden ab. Zement ist im Beton also das Bindemittel, das die Gesteinskörnungen zusammen hält.

Im 19. Jahrhundert wurden Beton und Stahl, die beiden neuen Baustoffe des industriellen Zeitalters, miteinander verbunden: Zunächst ging

Abb. 1.2 Nanoskalige Kristallkeime lassen Beton schneller härten. Vergrößerung 960:1 (bei 12 cm Bildbreite). (Bildrechte: BASF)

es darum, mit Drahtgeflechten die Formgebung von Betonbauteilen zu erleichtern. Erst später hat man erkannt, dass die Verbindung von Beton und Stahl aus konstruktiver Sicht geradezu ideal ist: Stahl gibt dem Beton neben der guten Druckfestigkeit eine konstruktiv nutzbare Zugfestigkeit. Dank Stahlbeton können seit Beginn des 20. Jahrhunderts immer höhere und größere Bauwerke entstehen (Abb. 1.1).

Auch wenn Zement und Beton heute denkbar weit verbreitet sind, wird noch weiter an Verbesserungen gearbeitet: Um das Abbinden von Beton, das durchschnittlich rund zwölf Stunden dauert, zu beschleunigen, fügt man Kalzium-Silikat in Form nanoskaliger Kristallisationskeime hinzu (1 Nanometer = 1 Millionstel Millimeter). An diese Keime lagern sich beim Abbinden weitere Moleküle aus dem Zement an – die wachsenden Kristalle verdichten und verhaken sich zum kompakten Zementstein (Abb. 1.2) – der Prozess braucht nur noch die Hälfte der Zeit.

1.1   Was sind Werkstoffe?

Werkstoffe sind Materialien, aus denen sich technisch relevante Bauteile herstellen lassen. Ihre Eigenschaften sind dabei von der chemischen Zusammensetzung, dem mikroskopischen Aufbau, dem Herstellungsprozess, der konstruktiven Gestaltung des Werkstoffs und von der Betriebsbeanspruchung des jeweiligen Bauteils abhängig.

▶ Werkstoffe sind die Brücke vom Stoff zum Ding.

Werkstoffe bezeichnet man als *Konstruktions- bzw. Strukturwerkstoffe*, wenn vor allem ihre Eigenschaften wie Festigkeit, Verformbarkeit und Zähigkeit, aber auch Beständigkeit etwa gegen Korrosion im Vordergrund stehen. Werden elektrische, thermische, magnetische oder optische Eigenschaften gebraucht, spricht man von *Funktionswerkstoffen*.

„Zwei Drittel aller Technologie getriebenen Innovationen sind von Werkstoffaspekten abhängig. Insgesamt stehen mehr als 70 Prozent des Bruttosozialproduktes in westlichen Technologieländern direkt oder indirekt im Zusammenhang mit der Entwicklung neuer Materialien. In Deutschland erzielt der Bereich jährlich einen Umsatz von fast einer Billion Euro und beschäftigt rund 5 Millionen Menschen." [1] Tatsächlich wird die Entwicklung neuer Materialien international als Schlüsseltechnologie für viele industrielle Bereiche eingestuft und bereits seit vielen Jahren zu Recht als ein Schlüssel zu mehr Ressourceneffizienz und Umweltschutz gesehen [2].

Der Werkstoffkreislauf (Abb. 1.3) verdeutlicht die Etappen vom Material zum Produkt. In allen Etappen sind die ökologischen, ökonomischen und sozialen Faktoren zu berücksichtigen, die schließlich die Gesamtkosten des Produkts und seine Nachhaltigkeit bestimmen.

1.2   Materialwissenschaft und Werkstofftechnik

Die ersten Werkstoffe wie Holz, Ton oder Stein fand man noch in der Natur vor. Doch viele der heute gebräuchlichen Werkstoffe müssen in vielen Prozessschritten hergestellt werden. Jahrhundertelang wurde praktisch-handwerkliches Erfahrungswissen angesammelt, etwa zur Verhüttung

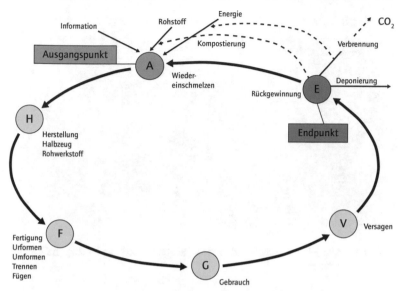

Abb. 1.3 Der Werkstoffkreislauf (Bildrechte: acatech/TU Darmstadt)

von Eisenerzen oder zur Glasfertigung. Im 17. und 18. Jahrhundert setzte die aus heutiger Sicht „wissenschaftliche" Beschäftigung mit der Materie ein: Die mikroskopische Struktur wurde mit der Festigkeit von Materialien in Beziehung gesetzt, Werkstoffe wie Stahl und Glas wurden hinsichtlich ihrer Eigenschaften optimiert. In diesen systematisierten Formen der Material- bzw. Werkstoffforschung erkennt man jedoch rückblickend „weit voneinander getrennte, hoch spezialisierte Untersuchungsbereiche, praktiziert von völlig verschiedenen Trägergruppen wie ‚Maschinenkünstlern' und ‚Mühlenärzten', Künstler-Ingenieuren, Bergassessoren oder ‚gentleman scientists'." [3] Prüf- und Messverfahren wie Mikroskopie, elektrische Widerstandmessungen, chemische Spektralanalyse oder Röntgenbeugung, die ihren Ausgangspunkt jeweils im 19. Jahrhundert genommen hatten, gelten als wichtiger Beitrag der Physik zur Materialwissenschaft, die ansonsten eher von Chemie und Technik bestimmt war und ist.

Erst in der Mitte des 20. Jahrhunderts begann die Herausbildung eine Bezeichnung „Materials Science and Engineering" bzw. – mit einigen

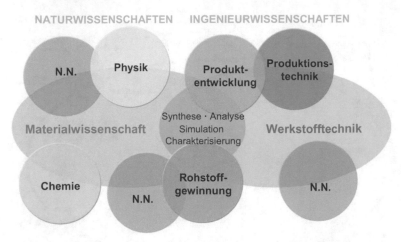

Abb. 1.4 Materialwissenschaft und Werkstofftechnik – und die beteiligten Disziplinen (Bildrechte: acatech)

Jahren Verzögerung in Europa und Deutschland – „Materialwissenschaft und Werkstofftechnik". Zu beachten ist hier die jeweilige Verwendung des Singulars, der sich im Laufe der Zeit durchsetzte und die Entwicklung von einem Sammelsurium an Aktivitäten hin zu einer geeinigten, „kohärent gewordenen Disziplin" [3] verdeutlichte (Abb. 1.4): „Mit dieser Namensgebung wird die Untrennbarkeit zweier Gebiete betont, deren Entwicklung in der Vergangenheit oft parallel verlief: die Materialwissenschaft, im Sinne des naturwissenschaftlich geprägten Studiums der Materialherstellung, der Materialstruktur und der Materialeigenschaften, und die Werkstofftechnik, d. h. die ingenieurwissenschaftlich orientierte Entwicklung von Werkstoffen sowie von Verarbeitungsverfahren aufbauend auf Erkenntnissen der Materialwissenschaft. Darüber hinaus treten im Sinne einer horizontalen Integration erstmals die Forschungsaktivitäten der verschiedenen Werkstoffe und Werkstoffklassen in Deutschland unter einer einheitlichen Bezeichnung auf." [4]

Materialwissenschaft und Werkstofftechnik ist denkbar vielfältig: Neben den „neuen" Materialien und Werkstoffen ist hier auch die „ungeheure ‚Kärrnerarbeit' der Werkstoffe im unspektakulären täglichen Umfeld" [5] zu würdigen. Dazu gehört, dass neben Neuentwicklungen, die mit Schlagwörtern wie „Nano" oder „Intelligente Materialien" zum Schillern gebracht werden, häufig die scheinbar unspektakulären, schrittweisen Verbesserungen zu wenig sichtbar sind.

▶ **Die Kette vom Material zum Produkt** „Wenn Chemie, physikalische Chemie und Physik sich mit Werkstoffen befassen, stehen das Studium der Synthese, der Mikrostruktur und der physikalischen Eigenschaften im Vordergrund. Diese Richtung wird häufig als [...] ‚Materialwissenschaft' bezeichnet. Die Werkstofftechnik, die auf den Ergebnissen [...] aufbaut und zum Produkt führen soll, entwickelt neue Werkstoffe für den Einsatz im Produkt sowie Fertigungstechniken, Formgebungs- und Fügeverfahren. Beide Gebiete, Materialwissenschaft und Werkstofftechnik, die sich bis heute oft ohne Verbindung nebeneinanderher entwickeln, lassen sich nicht trennen, wenn es auf optimale Eigenschaften des Werkstoffs für die Fertigung und das Produkt ankommt. Eine Lücke in der Kette vom Material bis zum Produkt muss sich stark verzögernd auf die Entwicklung und den Einsatz neuer Materialien auswirken" [6].

Literatur

[1] 10-Punkteprogramm zu Materialwissenschaft und Werkstofftechnik, Bundesministerium für Bildung und Forschung (BMBF) 2010, http://www.bmbf.de/press/2925.php

[2] Stärkung der universitären Materialforschung in NRW. Hrsg. Ministerium für Wissenschaft und Forschung des Landes Nordrhein-Westfahlen (1997)

[3] K. Hentschel: Von der Werkstoffforschung zur Materials Science, N.T.M. 19 (2011), 5–40, hier S. 23.

[4] acatech: Materialwissenschaft und Werkstofftechnik in Deutschland (acatech BEZIEHT POSITION – Nr. 3), Fraunhofer IRB Verlag, Stuttgart 2008, S. 9.

[5] F.R. Heiker: „Wer sie nicht kennte, die Elemente ... ", in: H. Höcker (Hg.): Werkstoffe als Motor für Innovationen (acatech DISKUTIERT), Fraunhofer IRB Verlag, Stuttgart 2008, S. 13–19, hier S. 14.

[6] H. Höcker: Einführung, in: H. Höcker (Hg.): Werkstoffe als Motor für Innovationen (acatech DISKUTIERT), Fraunhofer IRB Verlag, Stuttgart 2008, S. 9–12, hier S. 9.

Strukturen und Eigenschaften

2

Zusammenfassung

Die Vielfalt an Stoffklassen und Eigenschaften der Werkstoffe ergibt sich aus ihrem strukturellen Aufbau. Einer von mehreren Bestimmungsfaktoren ist die chemische Zusammensetzung. Daneben bestimmen beispielsweise auch der Gefügeaufbau oder Gefügebesonderheiten wie z. B. Porenstrukturen die Eigenschaften und damit mögliche Anwendungen. Schließlich beeinflusst auch noch der Prozess der Herstellung der Werkstoffe und Bauteile deren Eigenschaften.

2.1 Vom Atom zum Werkstoff

2.1.1 Die atomaren Bausteine der Materialien und ihre Bindungen

Die gesamte Materie, also alles, was Raum beansprucht und Masse besitzt, besteht aus winzigen Teilchen, den Atomen. Das Größenverhältnis zwischen einem Tennisball und einem Atom ist etwa so wie dasjenige zwischen der Erde und dem Tennisball. Jedes Atom besteht aus einem positiv geladenen Kern und negativ geladenen Elektronen, die diesen

M.-D. Weitze, C. Berger, *Werkstoffe*, Technik im Fokus,
DOI 10.1007/978-3-642-29541-6_2, © Springer-Verlag Berlin Heidelberg 2013

umgeben. Bei der Zusammenlagerung der Atome zu Molekülen und der Moleküle zu größeren Verbänden, die dann als Materialien spezifische Eigenschaften aufweisen können, spielen die Elektronen eine große Rolle.

Es gibt mehr als einhundert Atomsorten. Sie sind die Grundbausteine der Elemente. Die Anzahl an Protonen (der positiv geladenen Partikeln im Atomkern) bestimmt, um welches Element es sich handelt: Wasserstoff mit einem Proton, Kohlenstoff mit zwölf, Eisen mit 26, Quecksilber mit 80 Protonen. 94 Elemente kommen in der Natur vor, weitere 20 wurden künstlich erzeugt. Die Elemente sind im Periodensystem (Abb. 2.1) derart nach der Anzahl der Protonen angeordnet, dass in den Spalten Elemente mit ähnlichen Eigenschaften stehen. Links und in der Mitte stehen die Metalle, im rechten oberen Bereich die Nichtmetalle, dazwischen die sogenannten Halbmetalle.

Die Atome befinden sich in ständiger Bewegung. Im festen *Aggregatzustand* schwingen sie um ihre Ausgangslage, bei höherer Temperatur nehmen diese Bewegungen so stark zu, dass die Atome ihren angestammten Platz verlassen und durcheinander schwimmen können – der Stoff wird flüssig. Die Schmelztemperatur hängt von der Bindungsart ab (siehe unten): Wasser schmilzt bei 0 Grad Celsius, Wolfram als das höchstschmelzende Metall bei 3410 Grad.

Erhöht man die Temperatur noch weiter, wird die Geschwindigkeit der Teilchen noch weiter erhöht. Sie bleiben dann nicht mehr aneinander kleben, sondern fliegen unabhängig voneinander durch den Raum, bis sie mit anderen Teilchen kollidieren und wie Billardkugeln voneinander abprallen. Dies ist der gasförmige Aggregatzustand (Abb. 2.2). Für jedes Material gibt es spezifische Temperaturen für die Existenz bestimmter Aggregatzustände. Das Zustandsdiagramm beschreibt dies am Beispiel von Wasser. Es ist der äußere Druck in Abhängigkeit von der Temperatur dargestellt und die Linien stellen die Phasengrenzen der verschiedenen Aggregatzustände dar. Im Tripelpunkt befinden sich alle drei Phasen im Gleichgewicht. Es wird deutlich, wie sich durch Druckerhöhung der Bereich des gasförmigen Wassers – dem Wasserdampf – erweitern lässt.

Atome kommen in der Regel nicht isoliert vor. Zwei oder mehr Atome können sich zu Molekülen zusammenlagern und werden dann durch sogenannte *kovalente Bindungen* zusammen gehalten; Bindeglieder zwischen jeweils zwei Atome sind dann gemeinsame Elektronenpaare. Die

IUPAC1988	1	2	3	4	5	6	7	8	9	10	11	12	13	14	15	16	17	18
IUPAC1970	IA	IIA	IIIA	IVA	VA	VIA	VIIA	VIIIA	VIIIA		IB	IIB	IIIB	IVB	VB	VIB	VIIB	VIIIB
traditionell	Ia	IIa	IIIb	IVb	Vb	VIb	VIIb	VIIIb	VIIIb		Ib	IIb	IIIa	IVa	Va	VIa	VIIa	VIIIa
	1 1,0079 H Wasserstoff																	2 4,003 He Helium
	3 6,941 Li Lithium	4 9,012 Be Beryllium											5 10,81 B Bor	6 12,011 C Kohlenstoff	7 14,0067 N Stickstoff	8 15,9994 O Sauerstoff	9 18,9984 F Fluor	10 20,16 Ne Neon
	11 22,99 Na Natrium	12 24,31 Mg Magnesium											13 26,98 Al Aluminium	14 28,0855 Si Silicium	15 30,9738 P Phosphor	16 32,066 S Schwefel	17 35,453 Cl Chlor	18 39,95 Ar Argon
	19 39,10 K Kalium	20 40,08 Ca Calcium	21 44,95 Sc Scandium	22 47,87 Ti Titan	23 50,94 V Vanadium	24 52,00 Cr Chrom	25 54,94 Mn Mangan	26 55,845 Fe Eisen	27 58,93 Co Cobalt	28 58,69 Ni Nickel	29 63,55 Cu Kupfer	30 65,39 Zn Zink	31 69,72 Ga Gallium	32 72,61 Ge Germanium	33 74,92 As Arsen	34 78,96 Se Selen	35 79,904 Br Brom	36 83,80 Kr Krypton
	37 85,47 Rb Rubidium	38 87,62 Sr Strontium	39 88,91 Y Yttrium	40 91,22 Zr Zirconium	41 92,91 Nb Niob	42 95,94 Mo Molybdän	43 (98) Tc Technetium	44 101,1 Ru Ruthenium	45 102,9 Rh Rhodium	46 106,4 Pd Palladium	47 107,9 Ag Silber	48 112,4 Cd Cadmium	49 114,8 In Indium	50 118,7 Sn Zinn	51 121,8 Sb Antimon	52 127,6 Te Tellur	53 126,9 I Iod	54 131,3 Xe Xenon
	55 132,9 Cs Caesium	56 137,3 Ba Barium	57 138,9 La Lanthan	72 178,5 Hf Hafnium	73 180,9 Ta Tantal	74 183,8 W Wolfram	75 186,2 Re Rhenium	76 190,2 Os Osmium	77 192,2 Ir Iridium	78 195,1 Pt Platin	79 197,0 Au Gold	80 200,6 Hg Quecksilber	81 204,4 Tl Thallium	82 207,2 Pb Blei	83 209,0 Bi Bismut	84 (209) Po Polonium	85 (210) At Astat	86 (222) Rn Radon
	87 (223) Fr Francium	88 (226) Ra Radium	89 (227) Ac Actinium	104 (265) Rf Rutherfordium	105 (262) Db Dubnium	106 (266) Sg Seaborgium	107 (264) Bh Bohrium	108 (269) Hs Hassium	109 (268) Mt Meitnerium	110 (269) Ds Darmstadtium	111 (280) Rg Roentgenium	112 (285) Cn Copernicium						

Legend:
Ordnungszahl → 29 63,55 ← molare Masse
Cu ← Atomsymbol
deutscher Name → Kupfer

	3	4	5	6	7	8	9	10	11	12	13	14	15	16	17
Lantha-noide	58 140,1 Ce Cer	59 140,9 Pr Praseodym	60 144,2 Nd Neodym	61 147,0 Pm Promethium	62 150,4 Sm Samarium	63 152,0 Eu Europium	64 157,3 Gd Gadolinium	65 158,9 Tb Terbium	66 162,5 Dy Dysprosium	67 164,9 Ho Holmium	68 167,3 Er Erbium	69 168,9 Tm Thulium	70 173,0 Yb Ytterbium	71 175,0 Lu Lutetium	
Acti-noide	90 232,0 Th Thorium	91 231,0 Pa Protactinium	92 238,0 U Uran	93 (237) Np Neptunium	94 (244) Pu Plutonium	95 (243) Am Americium	96 (247) Cm Curium	97 (247) Bk Berkelium	98 (251) Cf Californium	99 (252) Es Einsteinium	100 (257) Fm Fermium	101 (258) Md Mendelevium	102 (259) No Nobelium	103 (262) Lr Lawrencium	

Abb. 2.1   Das Periodensystem der Elemente (Bildrechte: Springer)

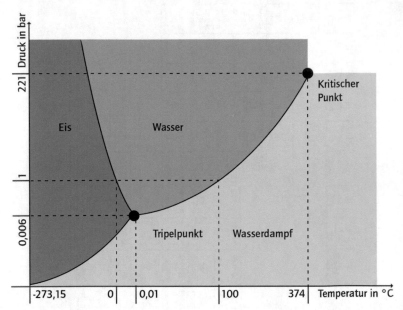

Abb. 2.2 Das Zustandsdiagramm von Wasser (Achsen nicht linear; qualitative Darstellung) (Bildrechte: acatech)

durch solche kovalenten Bindungen entstandenen Moleküle können Tausende von Atomen enthalten. Man spricht von molekularen *Verbindungen*.

Die kovalente Bindung ist nicht der einzige Bindungstyp, den die Chemiker kennen. In Salzen liegen die Atome als Ionen (d. h. elektrisch geladene Teilchen) vor: Kochsalz (Natriumchlorid) etwa besteht aus positiv geladenen Natrium-Ionen (Natrium hat hier ein Elektron abgegeben) und ebenso vielen negativ geladenen Chlor-Ionen (wobei ein Chloratom jeweils ein Elektron aufgenommen hat). Die Ionen in Salzen sind in regelmäßiger Kristallstruktur angeordnet; im Kochsalz ist jeweils ein Ion oktaedrisch von sechs Ionen der anderen Sorte umgeben. Die elektrostatische Anziehung der positiven und negativen Ionen sorgt für festen Zusammenhalt in dieser *Ionenbindung* (Abb. 2.3).

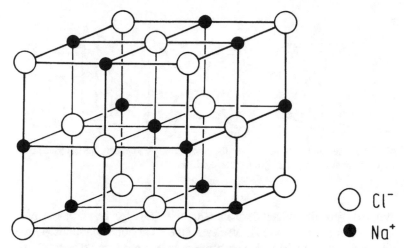

Abb. 2.3 Beispiele für Ionenbindung: Die Elementarzelle für die Natriumchlorid-Struktur. (Bildrechte: Springer)

Bei der *metallischen Bindung* sind die Atomkerne ebenfalls in Form eines regelmäßigen Gitters angeordnet (Beispiele siehe Abb. 2.4). Zusammengehalten werden sie durch die Elektronen, die sich frei im Gitter bewegen. Man spricht hier von einem *Elektronengas*. Die Metallbindung wird durch die Anziehung zwischen Metallionen und den freien Elektronen verursacht. Die freien Elektronen sind auch Träger der elektrischen Leitfähigkeit und bewirken z. B. den metallischen Glanz.

Kovalente, Ionen- und Metallbindung bezeichnet man als *primäre Bindungen*. Demgegenüber findet bei sogenannten *Sekundärbindungen* kein Elektronenübertrag und keine Elektronenpaar-Bildung statt. Hier führt die asymmetrische Verteilung von positiven und negativen Ladungen innerhalb von Atomanordnungen zur Anziehung zwischen Molekülen.

Ein Beispiel ist die *Wasserstoffbrückenbindung*, die unter anderem im Wasser auftritt: Dabei handelt es sich um die anziehende Wechselwirkung eines kovalent gebundenen Wasserstoffatoms in der Regel mit einem freien Elektronenpaar eines Atoms wie Sauerstoff oder Stickstoff. Das polarisierte H_2O-Molekül ist auf der Seite der beiden Wasserstoff-

a   **b**   **c**

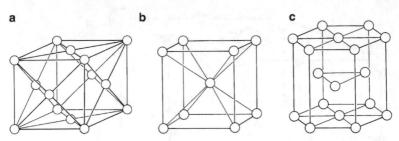

Abb. 2.4 Elementarzelle **a** kubisch flächenzentriert, **b** kubisch raumzentriert, **c** hexagonal (dichtest) gepackt. (Bildrechte: Springer)

atome (H) positiv und auf der Sauerstoffseite (O) negativ polarisiert. Man spricht von einem *Dipol*. Es resultiert eine recht hohe Bindungsenergie, die unter anderem den vergleichsweise hohen Siedepunkt von Wasser erklärt.

Eine schwächere Sekundärbindung ist die sogenannte Van-der-Waals-Bindung. Ihr Zustandekommen wird dadurch erklärt, dass in unpolaren oder nur schwach polaren Molekülen zufällige Ladungsverschiebungen stattfinden und auf diese Weise kurzzeitig schwache Dipole entstehen. Diese Sekundärbindung macht sich vor allem bei großen Molekülen bemerkbar, beispielsweise zwischen den Kettenmolekülen in Kunststoffen.

▶ **Viele Arten von Kohlenstoff: Auf die Struktur kommt es an**   Graphit und Diamant sind sehr verschieden, bestehen jedoch aus den gleichen Atomen: Kohlenstoff. *Graphit* (Abb. 2.5a) besteht aus hexagonalen Ringen von Kohlenstoffatomen mit einer starken Bindung in einer Ebene. Die Ebenen sind übereinander gestapelt. Die Bindungen dazwischen sind schwach. Die Ebenen lassen sich gut gegeneinander verschieben und ergeben das graue und weiche Material, was die Verwendung von Graphit als Schmiermittel oder in einer Bleistiftmine ermöglicht.

Im *Diamant* (Abb. 2.5b) dagegen sind die Atome nicht in verschiebbaren Ebenen angeordnet. Sie sind so miteinander verbunden, dass jedes Kohlenstoff-Atom tetraedrisch von vier Kohlenstoff-Atomen umgeben ist. Dadurch sind die Atome insgesamt dichter gepackt, und das Material ist sehr hart. Seit einigen Jahrzehnten ist es möglich, Diamant künstlich herzustellen. Zunächst geschah dies – angelehnt an die Natur – mit

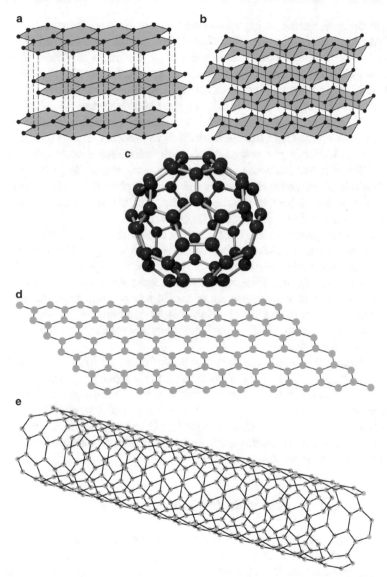

Abb. 2.5 Allotrope Formen des Kohlenstoff: **a** Graphit, **b** Diamant, **c** Fulleren (C_{60}), **d** Graphen, **e** Carbon Nano Tubes, CNT (Bildrechte: Springer (**a**,**b**), acatech (**c**,**d**,**e**))

aufwändigen Verfahren bei vieltausendfachem Atmosphärendruck und Temperaturen jenseits von 1000 Grad Celsius. Zwar entstehen auf diese Weise nur millimetergroße Exemplare, aber das reicht für Werkzeuge zum Schleifen, Bohren oder Schneiden. Inzwischen kennt man auch Verfahren, mit denen diamantartige Beschichtungen bei Normaldruck entstehen. Dazu wird Kohlenstoff aus der Gasphase, etwa aus Methan, auf Oberflächen abgeschieden. Bei Wachstumsgeschwindigkeiten von einigen Mikrometern je Stunde lassen sich so Werkzeuge beschichten.

Bei Kohlenstoff gibt es tatsächlich noch weitere sogenannte „allotrope" Formen: Als *Fullerene* (Abb. 2.5c) bezeichnet man kugelförmige Moleküle aus 60 und mehr Kohlenstoffatomen. Robert F. Curl Jr., Harold W. Kroto und Richard E. Smalley erhielten im Jahr 1996 den Chemie-Nobelpreis für die Entdeckung dieser Moleküle.

Kohlenstoffnanoröhren (CNT, Carbon NanoTubes) sind Gebilde aus Kohlenstoff (Abb. 2.5d) mit Durchmessern von wenigen Nanometern, die aber einige Mikrometer lang werden können. Aufgrund ihrer elektrischen Leitfähigkeit eröffnen Kohlenstoffnanoröhren für elektronische Bauelemente und Schaltkreise ein reichhaltiges Spektrum neuer Anwendungen. Darüber hinaus können Kohlenstoffnanoröhren in Carbonfaserverstärkte Kunststoffe (CFK) zur Erhöhung der Festigkeit des Materials eingelagert werden.

Im Jahr 2010 wurde der Nobelpreis für Physik an Andre Geim und Konstantin Novoselov für die Forschung an *Graphen* vergeben, einem Material, das aus monoatomaren Schichten von Sechsringen von Kohlenstoffatomen besteht (Abb. 2.5e). Die Eigenschaften von Graphen haben intensive anwendungsorientierte Forschung angestoßen, insbesondere für Transistoren, Photovoltaik und die Verstärkung von Kunststoffen auf der Basis dieses Materials.

2.1.2 Struktur über viele Größenordnungen

Die chemische Zusammensetzung bestimmt primär durch die Art der Atome und ihrer Anordnung die Struktur eines Materials und damit dessen Eigenschaften. Die Eigenschaften können jedoch noch durch die Art der Erstarrung beim Gießen, bei der Formgebung durch Schmieden, Walzen, Hämmern oder Biegen, bei der Wärmebehandlung, der mechanischen Bearbeitung zur Formgebung und nicht zuletzt bei der Beanspruchung des Produkts während seiner Funktion verändert werden. Die dadurch möglichen Veränderungen der Struktur finden im Nano-, Mikro- und Makro- Bereich statt, indem sich Atomanordnungen und Orientierungen verändern, die Korngröße beeinflusst wird oder neue Phasen entstehen.

Dies lässt sich besonders gut anhand von Metallen erläutern: Die regelmäßige Anordnung der Metallatome bildet ein räumliches Gitter, den Kristall. Die kleinste Baueinheit, welche die Symmetrieeigenschaften des Kristalls wiedergibt ist die *Elementarzelle*. Bei jedem Element haben die Atome aufgrund der Besetzung ihrer Elektronenschalen unterschiedliche Anordnungen und Packungsdichten. In der Natur kommen sieben verschiedene Arten von Elementarzellen vor, wobei die meisten Metalle die kubisch flächenzentriert, kubisch raumzentrierte oder hexagonal (dichtest) gepackter Form bilden (Abb. 2.4).

Elementarzellen bei Metallen
Wichtige Arten von Elementarzellen bei Metallen sind:

- kubisch flächenzentrierte Elementarzellen (Platin, Gold, Silber, Nickel, Kupfer, Aluminium), Abb. 2.4a.
- kubisch raumzentrierte Elementarzellen (Chrom, Molybdän, Tantal, Wolfram), Abb. 2.4b.
- hexagonal (dichtest) gepackte Elementarzellen (Magnesium, Zink, Zinn, Kobalt), Abb. 2.4c.

Es gibt jedoch einige Elemente, die verschiedene Kristallstrukturen annehmen. Diese können von der Temperatur, dem Druck abhängig sein oder aber auch infolge einer mechanischen Beanspruchung entstehen. Bekannte Beispiele für diese *Allotropie* sind Kohlenstoff (siehe Abb. 2.5), Eisen, Titan, Zinn.

Reine Metalle, die nur aus einem Element bestehen, gibt es praktisch nicht. Selbst wenn man mit sehr hohem technischem Aufwand ein Metall mit 99,9999 Prozent Reinheit aus einem Element herstellt, befinden sich immer noch bis zu 10^{23} Fremdatome pro Kubikmeter Metall darin.

Durch gezielte Zugabe eines oder mehrerer anderer Elemente wird eine *Legierung* hergestellt. So ist z. B. Bronze aus Kupfer und Zinn legiert oder Eisen mit Kohlenstoff. Die verschiedenen Elemente bilden *Mischkristalle*, wobei der Atomdurchmesser des Legierungselements den Platz in der Elementarzelle bestimmt. Falls die hinzugefügten Atome keinen Platz mehr in der Elementarzelle des Basiselements finden, entsteht eine sogenannte Übersättigung und die Atome bilden eine neue Phase, die man als *Ausscheidung* bezeichnet. In diesen Ausscheidungen bilden die Atome des Basismetalls mit den Legierungselementen eine eigenständigen Gitterstruktur. Als *Phase* bezeichnet man dabei einen homogenen Teilbereich eines Systems, welches einheitliche physikalische und chemische Eigenschaften hat. Die verschiedenen Phasen und ihre Anordnung bestimmen die *Mikrostruktur oder das Mikrogefüge* des Werkstoffes.

Die Anordnung der Atome in solchen Elementarzellen, die das Kristallgitter bilden, ist niemals fehlerfrei. Die *Kristallbaufehler* bestehen z. B. aus Leerstellen oder Atomen auf Zwischengitterplätzen und *Versetzungen*, bei denen eine Atomebene zusätzlich im Kristallgitter eingeschoben ist oder sich spiralförmige Fehlanordnungen der Atome ausbilden. Nur die Erzeugung und Bewegung dieser Versetzungen ermöglicht die plastische Verformung. Durch Leerstellen, d. h. fehlende Atome auf Gitterplätzen, wird die Diffusion, d. h. die Bewegung der Atome durch das Kristallgitter erleichtert. Auch die Kristallgrenzen – in einem Materialgefüge auch als Korngrenzen zu identifizieren – sowie Phasengrenzen sind Kristallbaufehler. Alle diese Kristallbaufehler beeinflussen neben dem durch die Legierungselemente grundsätzlich bestimmten Verhalten des Werkstoffes seine spezifischen Eigenschaften. Heute erlauben die modernen Analyseverfahren und die hochauflösende Transmissionselektronenmikroskope Einblicke in die atomaren Strukturen. Mit diesem Wissen sind gezieltere Veränderungen der Strukturen und ihrer Eigenschaften möglich, auch weil dies in gewissen Grenzen mit Hilfe numerischer Berechnungs- und Simulationsverfahren unterstützt werden kann.

Verschiedene Kristallstrukturen von Eisen und seinen Legierungen

Reines Eisen kristallisiert unterhalb 911 Grad in der kubisch raumzentrierten Form (auch als α-Fe oder *Ferrit* bezeichnet), zwischen 911 und 1394 Grad in der kubisch flächenzentrierten Form (γ-Fe, *Austenit*) und oberhalb von 1394 Grad bis zum Erreichen der Schmelztemperatur von 1536 Grad wieder in der kubisch raumzentrierten Form (δ-Fe).

Die Temperaturen dieser Umwandlungen verschieben sich durch Legierungselemente. So verringert sich durch die Zugabe von 0,8 Prozent Kohlenstoff die Umwandlungstemperatur von 911 auf 723 Grad. Der Kohlenstoff mit seinem sehr kleinem Atomdurchmesser von 0,08 Nanometer im Verhältnis zu den Eisenatomen (Atomdurchmesser 0,24 Nanometer) lagert sich zwischen den Eisenatomen ein und bildet einen Einlagerungsmischkristall. Da die Löslichkeit des Kohlenstoffs im Eisengitter aus Platzmangel begrenzt ist, entsteht bei Unterschreiten von 723 Grad neben dem Ferrit eine neue Eisen-Kohlenstoff-Verbindung, das *Eisenkarbid*, die auch als *Zementit* bezeichnet wird. Das Karbid hat eine eigene Struktur und ist im Vergleich zum weichen Ferrit eine harte, spröde Phase. Mit zunehmendem Kohlenstoffgehalt bilden sich bei der Phasenumwandlung simultan Ferrit und Eisenkarbide. Sie ergeben eine lamellenförmige Struktur, die man als *Perlit* bezeichnet (Abb. 2.6). Bei Kohlenstoffgehalten von mehr als 2,14 Prozent kann sich der Kohlenstoff auch elementar in Graphitstruktur ausscheiden. Oberhalb der Temperaturlinie von 911 bis 723 Grad befindet sich das Gebiet der kubisch raumzentrierten Form (Austenit). Die Existenzbereiche der verschiedenen möglichen Phasen und die verschiedenen Phasengrenzlinien, die sich durch die veränderten Konzentrationen eines Legierungselementes ergeben, werden in *Zustandsschaubildern* dargestellt.

Legierungselemente mit kleinen Atomdurchmessern wie Kohlenstoff, Mangan, Nickel, Kupfer, Stickstoff erweitern das Austenitgebiet zu tiefen Temperaturen hin. Die Temperatur der Gitterumwandlung von kubisch raumzentriert in kubisch flächenzentriert kann durch geeignete Legierung mit diesen Elementen auf unter 0 Grad verschoben werden, was einen stabilen *Austenit* mit kubisch flächenzentriertem Gitter ergibt.

a   b

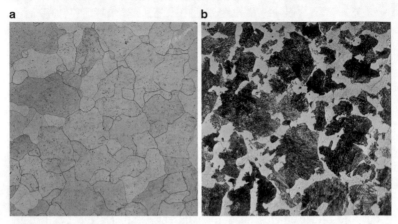

Abb. 2.6 Stahlgefüge im Lichtmikroskop: **a** Ferrit (1000fach), **b** Perlit (*dunkel*) mit Ferrit (*hell*) (600fach). (Bildrechte: TU Darmstadt)

Legierungselemente mit mittleren Atomdurchmessern (wie z. B. Chrom, Molybdän, Vanadium, Silizium, Aluminium) verengen das Austenitgebiet und erweitern das Ferritgebiet zu höheren Temperaturen und bilden so die *Ferrite*. Austenite und Ferrite weisen aufgrund ihrer verschiedenen Gitterstrukturen sehr unterschiedliche Eigenschaften auf. Die Festigkeit der Austenite ist niedriger, Verformungsfähigkeit und auch die Korrosionsbeständigkeit sind besser. Austenit ist auch unmagnetisch (diamagnetisch) im Gegensatz zum Ferrit, der bis zum Erreichen der Curie-Temperatur von 723 Grad ferromagnetisch ist.

Atome, Kristalle, Gefüge
Metalle sind kristallin aufgebaut. Bei der Erstarrung aus der Schmelze bilden sich bei Metalllegierungen bei unterschreiten der *Liquidustemperatur* an Kristallisationskeimen Ansammlungen der Atome in Form der Elementarzellen, deren Struktur vom Basiselement bestimmt wird. Diese Ansammlungen wachsen mit

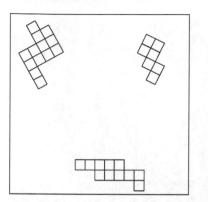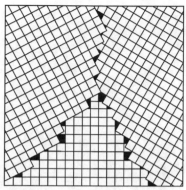

Abb. 2.7 Kristallite entstehen beim Abkühlen aus der Schmelze wie wachsende Inseln. Bei rascher Abkühlung entstehen viele solcher Inseln. (Bildrechte: acatech)

abnehmender Temperatur, indem sich Atome aus der umgebenden Flüssigphase anlagern. Sie werden als *Kristalle* bezeichnet (Abb. 2.7). Diese treffen an den Begrenzungsflächen auf andere Kristalle und behindern gegenseitig das Wachstum. Bei Erreichen der *Solidustemperatur* sind alle Atome in der kristallinen Anordnung eingebunden; es hat sich ein *polykristalliner Werkstoff* gebildet. Innerhalb eines Kristalls haben die Atomanordnungen die gleiche Orientierung und dort, wo unterschiedlich orientierte Bereiche zusammentreffen, bildet sich die Kristall- oder Korngrenze. Beschleunigt man die Erstarrung durch zusätzliche Abkühlung, entstehen viele Kristallisationskeime und damit eine feinkristalline Struktur. In Stählen fördert der Zusatz von Fremdatomen wie z. B. Aluminium, Vanadium oder Niob zur Schmelze das Entstehen vieler solcher Kristallisationskeime und damit vieler, kleiner Kristalle. Diese sehr unregelmäßig geformten Kristalle bezeichnet man auch als *Körner*, die in der Meso-Ebene das *Metallgefüge* bilden, das auch als *Mikrostruktur* bezeichnet wird.

Bei einem *reinen Metall*, welches nur aus einem Element besteht, erfolgt die Erstarrung und damit Kristallisation bei der

Schmelz- bzw. Erstarrungstemperatur. Während des Abkühlvorgangs bleibt die Temperatur durch die Erstarrungswärme einige Zeit konstant, bis zur vollständigen Kristallisation.

Wenn sich die periodische Anordnung aller Atome über den gesamten Bereich eines erstarrten Körpers erstreckt, bezeichnet man diesen Festkörper als *Einkristall*. Einkristalle kommen in der Natur vor; sie können auch künstlich erzeugt werden, indem man die Erstarrung gezielt steuert. So werden z. B. aus Nickel-Kobalt-Legierungen einkristalline Turbinenschaufeln hergestellt, die durch das Fehlen der Korngrenzen mechanisch-thermisch hoch belastbare Bauteile sind (vergleiche Abschn. 3.1.1).

Die Be- und Verarbeitung von Metallen verändert ihre Struktur, was wiederum ihre Eigenschaften beeinflusst. Beim Hämmern und Walzen werden durch die plastische Verformung Atomlagen gegeneinander verschoben; durch Schmieden und Glühen können entstandene Veränderungen wieder beseitigt werden. Dabei lässt sich je nach Temperatur auch das *Gefüge* der Atome verändern. So können beispielsweise durch Rekristallisation große Körner wieder zerkleinert werden.

In einem Stahlgefüge können Körner Durchmesser zwischen 0,001 und 0,3 Millimeter aufweisen. Bei kleinen Korngrößen lässt sich das Werkstück nicht mehr so leicht verformen, die Festigkeit ist erhöht. Einschlüsse und Verunreinigungen an den Korngrenzen wiederum steigern die Sprödigkeit und Bruchempfindlichkeit. Ausscheidungen, die durch Übersättigung von Legierungsbestandteilen im erstarrenden Metall entstehen, können die technisch erwünschten Werkstoffeigenschaften verbessern. Das ist besonders bei hohen Temperaturen von Bedeutung: Einerseits erleichtert bei erhöhter Temperatur die bessere Verschiebbarkeit der Gitterebenen und die Beweglichkeit von Versetzungen die plastische Verformung. Andererseits kann die Beweglichkeit durch Korngrenzen und Ausscheidungen blockiert werden, wodurch der Werkstoff eine höhere mechanische Festigkeit bei diesen Temperaturen bekommt.

Wie werden Stähle hart und damit fest?

Harte Stähle erzielt man unter Ausnutzung der verschiedenen Kristallstrukturen des Eisens durch einen Wärmebehandlungsprozess. Beim
Härten eines Stahles mit zum Beispiel 0,45 Prozent Kohlenstoff wird
dieser auf 920 Grad erwärmt, wobei sich sein ferritisches (kubisch
flächenzentriertes) Gitter in Austenit (kubisch raumzentriert) umgewandelt hat (Abb. 2.4). Durch eine anschließende sehr schnelle
Abkühlung in Wasser oder Öl, bildet sich eine neue Gitterstruktur, die
man als *Martensit* bezeichnet, und die durch eine tetragonal raumzentrierte verzerrte Elementarzelle gekennzeichnet ist. Der Kohlenstoff
befindet sich in dieser Zelle in „Zwangslösung" und erzeugt dadurch
ein sehr hartes und sprödes Gefüge. Das Entstehen dieser neuen
Gitterstruktur ist nur durch die beschriebene Gitterwandlung und anschließend schnelle Abkühlung möglich, bei der keine Diffusion der
Atome stattfinden kann.

Das Volumen des Materials nimmt während des Abschreckens
durch die Martensitbildung zu. Als Folge davon können sich beim
schnellen Abkühlen größerer Werkstücke innere Spannungen bilden,
die in dem sehr spröden Martensit zur Rissbildung führen; dies sind
gefürchtete Härterisse. Der sehr harte Martensit kann erst durch eine
erneute Temperaturerhöhung auf ca. 200 Grad entspannen und damit
weicher werden. Dabei diffundiert der zwangsgelöste Kohlenstoff,
und die mit Kohlenstoff übersättigte tetragonale Elementarzelle wandelt sich in ein kubisch raumzentriertes Gitter um. Die Mikrostruktur
verändert sich vom nadeligen Martensit in ein Gefüge aus Ferrit
und Zementit, das sich noch an der nadligen Struktur des ehemali-
gen Martensit orientiert (Abb. 2.8). Man bezeichnet diesen Vorgang
als *Anlassen*. Mit zunehmender Anlasstemperatur und Zeit verringert
sich die Härte, und die Verformungsfähigkeit nimmt wieder zu. Den
Prozess des Härtens und Anlassens bezeichnet man als *Vergüten*, als
dessen Folge ein sehr fester und verformungsfähiger Werkstoff entstehen kann.

Wie härtet man Aluminium- und Magnesiumlegierungen?

Werkstoffe, die nur eine Gitterform haben (z. B. Aluminium), kann
man nicht wie Stahl härten. Die Härte- und damit Festigkeitssteige-

Abb. 2.8 Stahl CK 45 (gehärtet) in feinnadliger Martensit-Struktur (Bildrechte: TU Darmstadt)

rung erreicht man hier durch eine sogenannte Ausscheidungshärtung. Sie beruht auf der Entstehung von neuen Phasen, den Ausscheidungen.

Dazu wird die Legierung so hoch erwärmt, dass sich alle Legierungselemente im Mischkristall gelöst haben. Anschließend wird schnell abgekühlt. Auch hier wird – ähnlich wie bei den Eisen-Legierungen – die Diffusion der Atome eingeschränkt. In einem zweiten Schritt wird der Werkstoff ausgelagert – je nach Legierungstyp geschieht das bei Raumtemperatur oder bei höheren Temperaturen, um die Ausscheidungen aus dem übersättigten Mischkristall zu erzeugen. Für jede Legierung gibt es eine optimale Auslagerungstemperatur und -zeit zur Festigkeitssteigerung bei gleichzeitig guter Verformungsfähigkeit. Zu hohe Auslagerungstemperaturen und -zeit können zur Festigkeitsabnahme führen.

Ausführlich erläutert wurden bislang Metalle, die durch regelmäßige Atomanordnungen gekennzeichnet sind. *Amorphe Stoffe* weisen im Gegensatz zu kristallinen Stoffen eine regellose Atomanordnung auf. Allerdings können amorphe Strukturen sich wieder ganz oder teilweise durch Umordnung der Atome in kristalline Strukturen umwandeln. So können mineralische Gläser ganz oder teilweise kristallisieren, wobei sie allerdings auch ihre Eigenschaften ändern können (Gläser aus der Römerzeit etwa verlieren dadurch ihre Transparenz). Auch Metalle können als amorphe Stoffe dargestellt werden. In diesen „metallischen Gläsern" fehlt die regelmäßige Ordnung der Metallatome in Kristallgittern; sie sind härter, korrosionsbeständiger und fester als ihre kristalline Variante, lassen sich jedoch im Allgemeinen nicht verformen.

Komplexer aufgebaut als kristalline oder amorphe Stoffe sind die *Verbundwerkstoffe*. Darin werden unterschiedliche Werkstoffklassen (siehe Abschn. 3.2) mit dem Ziel kombiniert, die jeweils positiven Eigenschaften der Komponenten zu vereinen und zu nutzen. Als Matrix können Kunststoffe, aber auch Metalle oder Keramik dienen. Verstärkungskomponente sind oftmals Fasern aus Glas oder Kohlenstoff. So können Keramikmatrix-Verbundwerkstoffe die Zugfestigkeit von Keramik erhöhen, indem Fasern zur Verstärkung eingebaut werden und Kraftumleitung über Risse hinweg ermöglichen.

Holz als natürlicher Verbundwerkstoff

Verbundwerkstoffe spielen heute an der Spitze der Materialentwicklung eine große Rolle. Aber auch Holz, einer der ältesten Werkstoffe, ist ein Verbundwerkstoff. Ein Werkstoff, der einerseits fest und zäh ist, sich andererseits gut bearbeiten lässt – und daher bis heute in vielfältiger Weise genutzt wird.

Die Wände der Holzzellen, die entlang der Wachstumsrichtung orientiert sind, bestehen aus Zellulose und Lignin: Zellulose ist ein Polysaccharid, dessen Polymerketten zehntausende von Zuckereinheiten enthalten. Zwischen den Ketten wirken Wasserstoffbrücken, die dem Holz seine hohe Zugfestigkeit (bei geringer Materialdichte) verleihen. Die Zellulosemoleküle sind in eine harzartige Matrix aus Lignin eingebettet, das für die Druckfestigkeit von Holz sorgt.

Mitunter sind auch Gase oder Flüssigkeiten wesentlicher Bestandteil in Werkstoffen, so bei *Schäumen* und *Schwämmen*. Diese porösen Materialien sind leicht und verfügen über besondere funktionelle Eigenschaften, wie etwa eine niedrige Wärmeleitfähigkeit, die eine gute Wärmedämmung bewirkt. Beispiel für einen Schaum ist Polystyrol. Hier ist das Füllgas in geschlossenen Poren verpackt, die eine steife Struktur bilden. Polyurethanschaum in Polstermöbeln ist auch geschlossenporig, lässt sich zusammendrücken und kehrt in die ursprüngliche Form zurück. Der Topfschwamm mit ganz ähnlichen mechanischen Eigenschaften besteht aus offenen Poren, die Gas und Flüssigkeit aufnehmen und wieder abgeben können. Auch in der Natur findet man poröse Materialien, etwa Kork oder Bimsstein.

Durch *Poren* kann auch Beton zu einem leichten Werkstoff werden: Werden neben den Betonbestandteilen Sand, Kalk, Zement und Wasser auch Porenbildner zugesetzt, die bei der Herstellung Gas freisetzen und Bläschen im Beton produzieren, so liegen nach dem Abbinden geschlossene Poren im Beton vor. Der Porenbeton dient als Wärmedämmstoff; er ist leicht, druckfest und einfach zu verarbeiten. Während die Porendurchmesser hier in der Größenordnung von Millimetern liegen, verspricht man sich von Materialien mit kleineren, nur nanometergroßen Poren regelrechte „Höchstleistungsdämmstoffe". Der Wärmeaustausch, der durch Zusammenstöße der Gasmoleküle geschieht, kommt darin fast komplett zum Erliegen: Bevor die Moleküle einen Nachbarn treffen, stoßen sie gegen eine Porenwand.

Offenporige Metallschäume, die z. B. zwischen zwei Deckplatten gefüllt werden, vereinen geringes Gewicht mit hoher mechanischer Festigkeit und bieten durchströmenden Medien eine große Oberfläche. Dadurch eignen sie sich auch als Wärmetauscher oder Katalysatorträger (Abb. 2.9). Die Dichte liegt bei etwa zehn Prozent des Ausgangsmaterials. Da die Hohlkugeln der Metallschäume viel Verformungsenergie aufnehmen können, lassen sie sich auch als Crashabsorber in Autos einsetzen. Hergestellt werden Hohlraumschäume, indem kleine Kunst-

Abb. 2.9 Offenzelliger Metallschaum auf der Basis eines Chrom-Nickel-Stahls, der beispielsweise als Wärmetauscher eingesetzt werden kann. Die Strukturen haben (von *links* nach *rechts*) Zellendurchmesser von 3,1 bzw. 0,7 Millimetern. (Bildrechte: Fraunhofer IFAM)

stoffkugeln (aus Polystyrol oder Polyurethan) mit Metall beschichtet und erhitzt („gesintert") werden. Der Kunststoff wird abgebaut und verdampft, das Metallpulver wird zu Hohlkugeln mit einem Durchmesser von 0,5 Millimeter bis 10 Millimeter gesintert, deren Wandstärke nur 10 bis 500 Mikrometer (Millionstel Meter) beträgt [7].

Wie porös können Stoffe werden, bevor nur noch „Luft" übrigbleibt? In Aerogelen, die oftmals auf der Basis von Silikaten (Verbindungen aus Silizium und Sauerstoff) aufgebaut sind, entstehen viele Zwischenräume im Bereich von Nanometerabmessungen. Aerosole bestehen zu 99 Prozent aus Hohlräumen, nur noch ein Volumenprozent des Materials ist Silikat.

Quasikristalle, die vor rund 30 Jahren erstmals entdeckt wurden, bilden besonders bemerkenswerte Strukturen (Abb. 2.10): Sie erscheinen geordnet, ohne dass sich darin ein Grundmuster regelmäßig wiederholt. Dagegen sind die Atome in Kristallen regelmäßig angeordnet, so dass

Abb. 2.10 Atommodell
eines Quasikristalls

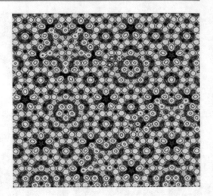

sich periodisch wiederholende Muster entstehen. Quasikristalle wurden
von Daniel Shechtman in rasch erstarrten Aluminium-Legierungen entdeckt, der dafür im Jahr 2011 den Chemie-Nobelpreis erhielt. Für diese
Stoffe gibt es bislang noch keine konkreten Anwendungen, aber ihre
Eigenschaften sind einzigartig: Quasikristalle sind typischerweise hart,
spröde und korrosionsbeständig. Der Transport von Wärme oder Elektronen ähnelt eher demjenigen in Gläsern als in normalen Kristallen [8].

2.1.3 Die Oberfläche

Von Werkstoffen und Bauteilen begegnet uns zunächst nur deren Oberfläche. Nicht nur für deren optische Eigenschaften wie Reflexion und Absorption ist die Oberfläche wichtig. Sie bestimmt auch den Widerstand
gegen *Verschleiß* (Abschn. 6.3.2) und *Korrosion* (Abschn. 2.3.3) – oder
die Oberfläche dient schlicht der Dekoration.

▶ *Verschleiß* ist der Materialverlust an der Oberfläche durch mechanischen
   Einfluss.
   Korrosion ist die Reaktion an der Oberfläche durch chemischen, oft auch
   durch zusätzlichen physikalischen bzw. mechanischen Einfluss.

Beschichtungen können Werkstoffoberflächen veredeln, indem sie
nicht nur vor Korrosion schützen, sondern auch optisch ansprechender

wirken oder eine gewünschte Haptik haben, sich also „gut anfühlen". Dies gelingt beispielsweise durch Galvanotechnik, bei der durch chemische Reaktionen oder Anlegen einer elektrischen Spannung eine metallische Oberflächenschicht aus einer Flüssigkeit heraus abgeschieden wird. Verchromter Stahl oder vergoldeter Schmuck entstehen auf diese Weise. Ein preisgünstiges Beschichtungsverfahren, das dünne Schichten in einem einfachen Verfahren erzeugt, ist das Verzinken.

Korrosionsschutz durch Feuerverzinken

Das Feuerverzinken gehört zu dem im großen Umfang im Bauwesen bei Stahlkonstruktionen, Dachabdeckungen, aber auch bei Gussstücken eingesetzten Korrosionsschutzverfahren. Dabei wird der zu verzinkende Werkstoff in die flüssige Zinkschmelze mit einer Temperatur von ca. 450 Grad eingetaucht (reines Zink hat eine Schmelztemperatur von 420 Grad). Beim Stückverzinken erreicht man Schichtdicken von 50 bis 150 Mikrometer und beim Bandverzinken – je nach Verfahren – zwischen 15 bis 40 Mikrometer.

Die meisten Stahlbleche, die für Kraftfahrzeugkarosserien heute eingesetzt werden, sind Bandverzinkt. Dabei durchläuft der warmgewalzte Bandstahl mit kontinuierlich hoher Geschwindigkeit die Verzinkungsanlage. Dieser Prozess wird direkt beim Stahlhersteller durchgeführt. Das anschließend auf große, tonnenschwere Rollen aufgewickelte Stahlblech (die sogenannten Coils) werden dann zum Automobilhersteller geliefert, der daraus die Karosseriebauteile presst.

Dieser Korrosionsschutz ist besonders langlebig und – solange es keine Verletzungen der Oberfläche gibt – bei atmosphärischer Beanspruchung wirksam. Nur eingeschränkt wirksam ist der Schutz in Wasser und im Erdboden. Oft wird der Korrosionsschutz durch organische Lacke verstärkt, die zugleich der Farbgebung dienen können.

2.2 Stoffklassen

Die Vielfalt der Werkstoffe wird strukturiert in Werkstoffgruppen, die nach Aufbau und Eigenschaften gebildet werden (Abb. 2.11).

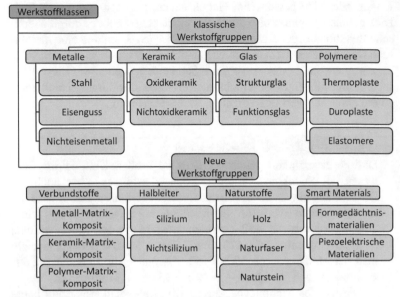

Abb. 2.11 Werkstoffklassen und Werkstoffgruppen (nach [10]) (Bildrechte: VDI-TZ/acatech)

2.2.1 Metalle

Ob Schaufel oder Schmuck – metallische Werkstoffe begleiten die Menschen seit Jahrtausenden. Metalle sind fest und verformbar, sie leiten Wärme und Strom gut und glänzen aufgrund der metallischen Bindung (siehe Abschn. 2.1.1). Die hohe Beweglichkeit der Elektronen zwischen den Atomrümpfen bewirkt die elektrische Leitfähigkeit der Metalle. Metalle können ebenso gut Wärme leiten, weil diese als Bewegungsenergie der positiv geladenen Metallionen gut übertragen wird. In vielen Metallen lassen sich die Schichten der Metallionen (sog. Kristallgitterebenen) leicht gegeneinander verschieben, so dass der Werkstoff gut verformbar ist. Dies gilt vor allem für kubisch-flächenzentrierte Metallgitterstrukturen wie z. B. Gold, Silber, Kupfer oder Aluminium.

Zeitalter der Metalle

Als erstes Metall stellte der Mensch Kupfer in größerem Umfang her, gefolgt von Bronze: Kupfer wird mit Zinn zu einer harten Bronzelegierung, die korrosions- und verschleißfest ist. Die Schmelztemperatur von Kupfer liegt bei 1084 Grad Celsius; durch Legieren mit Zinn, dessen Schmelzpunkt bei nur 231 Grad liegt, wird der Schmelzpunkt der Bronze verringert. Der Schmelzprozess und die Verarbeitung werden also erleichtert. Die ältesten bekannten Bronze-Gegenstände sind mehr als 5000 Jahre alt; vor drei- bis viertausend Jahren war Bronze (neben Holz und Keramik) der wohl wichtigste Werkstoff.

Bronze wurde allmählich durch Eisen als Werkstoff ersetzt. Circa 800 v. Chr. hatte Bronze seine Dominanz auch in Mitteleuropa an Eisen abgegeben. Gegenüber den teuren Bronzen war das viel häufigere Eisen vor allem wegen seiner größeren Härte, Festigkeit und Verformungsfähigkeit überlegen. Entscheidend war hier eine Verbesserung der Heiztechnik der Schmelzöfen: Durch Zulegieren von Kohlenstoff konnte die Schmelztemperatur von 1536 Grad (reines Eisen) auf bis zu 1150 Grad (bei 4,3 Prozent Kohlenstoffanteil) gesenkt werden. Diese Legierungen konnten jedoch nur im gegossenen Zustand durch mechanische Bearbeitung zur Endkontur gestaltet werden. Erst mit geringeren Kohlenstoffgehalten nimmt die Verformungsfähigkeit zu – die Legierung wird schmiedbar, und damit vergrößern sich die Gestaltungsmöglichkeiten der endgültigen Form des Bauteils.

Der überwiegende Anteil der chemischen Elemente fällt in die Klasse der Metalle (s. o., Abb. 2.1). Es gibt eine große Vielfalt an Leichtmetallen (z. B. Aluminium, Magnesium), Schwermetallen (z. B. Eisen, Zink, die im Unterschied zu den Erstgenannten eine höhere Dichte haben) und sogenannten Refraktärmetallen wie z. B. Wolfram, Molybdän, die alle einen Schmelzpunkt über demjenigen von Platin (1772 Grad Celsius) aufweisen und erst bei höherer Temperatur umformbar werden. Noch größer wird die Vielfalt, wenn man diese Elemente zu Legierungen kombiniert und ihre Struktur gezielt verändert.

Stahl: Das maßgeschneiderte Metall

Wolkenkratzer, Eisenbahn, Auto oder Panzer – ohne Stahl undenkbar. Kein anderer Werkstoff wird in so vielen Anwendungen gebraucht. Und keiner lässt sich so gut maßschneidern, dass exakt definierte Produkteigenschaften entstehen: Festigkeit, Korrosionsverhalten und Verformbarkeit.

Stahl ist eine Legierung mit dem Hauptbestandteil Eisen, einem Kohlenstoffanteil von bis zu zwei Prozent sowie weiteren Elementen. Über zweitausend Stahlsorten sind definiert und genormt. Nickel und Chrom erhöhen die Korrosionsbeständigkeit, Mangan und Titan machen den Werkstoff fester, Molybdän und Chrom beständiger gegen Verschleiß.

Zur Stahlherstellung wird Eisenerz mit Koks und weiteren Zuschlägen in Hochöfen zu Roheisen umgewandelt. So werden Sauerstoff und andere Begleitelemente entfernt. Roheisen enthält noch über zwei Prozent Kohlenstoffanteil. Man spricht auch von Gusseisen: Dieser Werkstoff ist durchaus formstabil, jedoch spröde, so dass er nicht geschmiedet werden kann. Aus dem Hochofen wird das flüssige Roheisen bei Temperaturen um 1700 Grad Celsius in ein Konverter-Gefäß gebracht (Abb. 2.12), in dem Kohlenstoff und weitere Begleitstoffe oxidiert werden. Jährlich werden so eine Milliarde Tonnen Rohstahl weltweit hergestellt. Dabei wird immer mehr Stahlschrott anstelle von Eisenerz und Koks zur Herstellung von Rohstahl eingesetzt.

Damit aus Rohstahl schließlich qualitativ hochwertige Stahlsorten entstehen, muss Rohstahl nachbehandelt werden („Sekundär-Metallurgie"). Die Schmelzen werden homogenisiert, Legierungsbestandteile wie Chrom und Nickel dazugegeben (die Mengen dieser Bestandteile werden bis auf ein Tausendstel Prozent genau eingestellt), ebenso der Gehalt von Kohlenstoff und anderen Nichtmetallbeimengungen. Festigkeit, Härte, Zähigkeit, Verformungsfähigkeit, Schwingfestigkeit, Korrosionsbeständigkeit und Dichte werden hier maßgeschneidert.

Wenn die Mischung stimmt, wird der flüssige Stahl vergossen. Entweder portionsweise in Formen (Blockguss) oder kontinuierlich im sogenannten Stranggussverfahren, bei dem der Stahl beim Abkühlen durch Walzen geformt wird. Brammen, Knüppel und Vorblöcke hei-

Abb. 2.12 Konverter im Stahlwerk ArcelorMittal, Eisenhüttenstadt. (Bildrechte: Stahl-Zentrum, Düsseldorf)

ßen die Geometrien, die anschließend der Länge nach zerteilt werden und zu Bauteilen weiter verarbeitet werden.

Thixoforming – eine moderne Art des Urformens

Dass metallische Legierungen ein Erstarrungsintervall haben, das zwischen der Schmelz- und der Erstarrungstemperatur liegt, ist von Bedeutung beim Abgießen der Schmelze in eine Form und der sich anschließenden Erstarrung. In diesem Erstarrungsintervall befindet sich der Werkstoff in einem thixotropen Zustand, in dem feinverteilte Kristalle von der Schmelze umgeben sind. Da die Viskosität dieser Masse sich unter der Einwirkung von Scherkräften verringert, lässt sie sich bereits mit geringem Drücken sehr genau in Formen pressen.

Dieses Urformverfahren *Thixoforming* verbindet die Vorteile des Gießens und Schmiedens und findet zunehmend Anwendung bei Aluminium- und Magnesium-Legierungen, z. B. bei der Herstellung von Kameragehäusen oder Handyschalen oder auch Sitzschalen. Diese Verfahren werden auch für Stahlbauteile entwickelt. Der Vorteil liegt vor allem im effektiven Materialeinsatz und in der Bauteilqualität, die sich durch eine homogene Struktur und gleichmäßige Eigenschaftsprofile auszeichnet.

2.2.2   Keramik und Glas

Keramik und Glas sind hart und haben teilweise hohe Schmelztemperaturen. Ähnlich wie bei Metallen lässt sich mit ihnen mühelos ein Bogen spannen durch Jahrtausende von Kulturgeschichte, vom Tongefäß über Porzellan, bis hin in die Moderne, zu Hitzeschilden von Raumfähren und Glasfaserkabeln in der Telekommunikation.

Keramik ist ein anorganisches kristallines Material. Ziegelsteine, Geschirr und Sanitäreinrichtungen aus Porzellan oder Steinzeug sind augenfällige Alltagsanwendungen. Von der chemischen Zusammensetzung her basieren die klassischen Keramiken (Tongut, Steinzeug, Porzellan) auf Silikaten, insbesondere Alkali- und Erdalkali-Alumosilikaten und Siliziumdioxid. Die Hochtemperaturkeramik, die sich in technischen Anwendung findet, setzt vorwiegend Aluminiumoxid und weitere Metalloxide ein sowie Carbide und Nitride (also Kohlenstoff- bzw. Stickstoff-Verbindungen, beispielsweise von Silizium, Bor und anderer Metalle). Auch reiner Kohlenstoff in Form von Diamant, das härteste in der Natur vorkommende Material, gehört zu dieser Werkstoffklasse. Keramik ist hart und (druck)fest, aber auch sehr spröde (siehe Abschn. 3.3 zu Definition der Eigenschaften): Ein Lastwagen könnte auf vier Porzellantassen stehen – fällt aber eine Tasse auf den Boden, zerbricht sie bekanntlich sofort.

Porzellan

Porzellan ist ein keramischer Werkstoff, der im Wesentlichen aus Kaolin („Porzellanerde", Aluminosilikat), Feldspat (Alkali-Alumosilikat) und Quarz (Siliziumdioxid) hergestellt wird. Je nach Mengenverhältnis unterscheidet man zwischen Hartporzellan (enthält mehr Kaolin und die Brenntemperaturen liegen um 1400 Grad Celsius) und Weichporzellan. Dieses enthält mehr Quarz und wird bei Temperaturen bis 1350 Grad gebrannt. Weichporzellan ist empfindlicher gegenüber Tempertaturschwankungen und Stößen.

Die hohen Schmelztemperaturen von Oxiden, Carbiden und Nitriden prädestinieren diese Materialien auch für technische Anwendungen in Temperatur-Extrembereichen, etwa als Hitzeschutzkacheln auf Raumfähren oder Schutzschicht auf Turbinenschaufeln. Auch sind sie chemisch außerordentlich beständig und werden traditionell als Emaille auch als Beschichtung von Kesseln in Chemieanlagen verwendet. Als Werkstoff findet sich Keramik auch in elektronischen Schaltkreisen, etwa als Piezokeramik (als Schwingquarz in Uhren) oder in Form dielektrischer Resonatoren für die Drahtloskommunikation.

Keramik und Metall im Vergleich

Keramiken weisen gegenüber Metallen eine geringere Dichte auf bei guter Druckfestigkeit und erheblich höherer Härte, Temperaturwechselbeständigkeit und maximaler Anwendungstemperatur (Tab. 2.1). Ihre Sprödigkeit führt jedoch zu spontanem Bruchversagen, was in der Regel Ursache niedriger Zugfestigkeiten ist.

Aufgrund der hohen Schmelztemperaturen, die 2000 Grad Celsius und höher sein können, lassen sich keramische Pulver nur begrenzt schmelzen, um gewünschte Bauteilformen herzustellen. Die Verdichtung von Bauteilen erfolgt deshalb durch Formgebung von Pulvern in fester Form oder als Aufschlämmungen und durch anschließendes Sintern. Druck oder chemische Reaktionen können die Verdichtung befördern. Dabei wird die Bewegung der Atome bei ausreichend hohen Temperaturen ausgenutzt, die zu einem Zusammenwachsen der Körner und zur Verdichtung des Materials führen (Abb. 2.13). Silikatkeramik, ab 1200 Grad Celsius gesintert, ergibt harte, porenfreie Werkstoffe.

Tab. 2.1 Eigenschaften von Metalllegierungen und Keramiken im Vergleich (nach [10]). Da die Zugfestigkeit bei Keramik aufgrund der Sprödigkeit schwer zu messen ist, ist hier die Biegefestigkeit angegeben

Werkstoff	Dichte [g/cm3]	Bruchfestigkeit [MPa]	Maximale Anwendungs-temperatur [Grad Celsius]
Stahl	7,8	1500 (Zug)	700
Nickel-Basislegierung	7,3 … 9	1200 (Zug)	1000
Aluminiumoxid-Keramik	4	*400 (Biege)*	1200
Siliziumnitrid-Keramik	3,2	*1500 (Biege)*	1350
Alpha-Bornitrid	2,3		3000

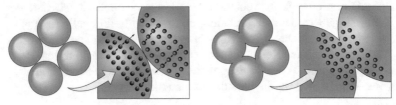

Abb. 2.13 Mikrostruktur beim Sintern (Bildrechte: acatech)

Glas ist im Unterschied zu Keramik nicht kristallin sondern amorph. Die Atome sind darin also nicht regelmäßig-periodisch angeordnet. Chemisch besteht mineralisches Glas neben Siliziumdioxid aus Natrium-, Kalzium- und Kaliumoxiden in verschiedenen Mischungsverhältnissen, und es enthält Beimengungen von Boroxiden (zur Erhöhung der chemischen und Temperatur-Beständigkeit) oder Bleioxiden (hohe Lichtbrechung und hohe Dichte).

Glas ist bei Zimmertemperatur eine „eingefrorene Flüssigkeit" (Abb. 2.14) und verhält sich wie ein spröd-elastischer Körper: Beim (insbesondere raschen) Abkühlen der Glasschmelze unterbleibt eine Kristallisation aufgrund der hohen Viskosität (Zähflüssigkeit) der Schmelze, da die Umlagerung der Atome zu Kristallen behindert wird. Mit dieser Definition können neben den mineralischen Gläsern auch organische Stoffe oder Metalle Gläser bilden.

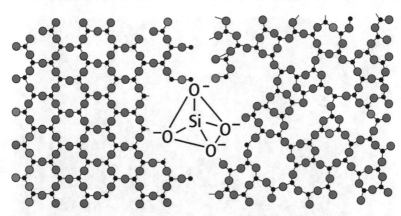

Abb. 2.14 Glas – die „eingefrorene Flüssigkeit": *links* die kristalline Struktur, *rechts* die „ungeordnete" Glasstruktur (nach [11]) (Bildrechte: acatech)

Die hohe optische Transparenz prädestiniert mineralisches Glas für Anwendungen wie Linsen, Fensterscheiben in Gebäuden und Glasfasern in der Telekommunikation. Glas ist undurchlässig für Gase und chemisch sehr beständig, mithin auch ein geeignetes Material für Verpackungen und Behälter. Die hohe chemische Resistenz bestimmter Glaszusammensetzungen gegenüber dem wässrigen und sauren Angriff hat dazu geführt, toxische und radioaktive Abfälle für eine Endlagerung in die Glasstruktur einzubinden.

Glaskeramiken sind teil-kristalline Werkstoffe. Diese werden zunächst wie Glas hergestellt und anschließend (durch thermische Nachbehandlung) in teilkristalline Zustände überführt (Abb. 2.15).

Einige Glaskeramiken dehnen sich mit der Temperatur kaum aus („Nullausdehnung"). So lassen sich Bauteile von hoher Formtreue herstellen. Auch wird – etwa in Kochflächen – ein Bruch durch Temperaturschock vermieden. Auch große Teleskope, die wie etwa das Hubble-Teleskop im Wechsel von Tag und Nacht hohen Temperaturunterschieden ausgesetzt sind, profitieren von Glaskeramiken als Spiegelträgersubstrat: Diese tragen hier mit ihrer Nullausdehnung zur Entstehung verzerrungsfreier Bilder bei.

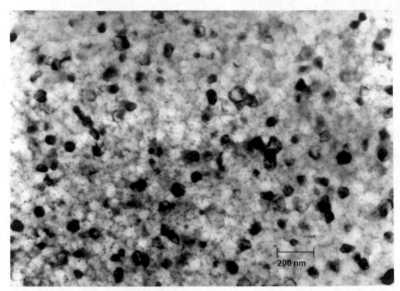

Abb. 2.15 Nanoskalige Hochquarz-Mischkristalle in einer Glaskeramik (Bildrechte: Schott AG)

2.2.3 Kunststoffe

Besser als die Natur, haltbar, billig – Kunststoffe sind vielseitig. Um 1900 forderten Ideenwettbewerbe die Chemiker heraus, sich selbstbewusst über die Natur zu stellen. Wenn die Suche oft auch nicht mehr war als ein Herumprobieren mit immer neuen Stoffmischungen, wurde mit Bakelit der erste komplett synthetische und industriell nutzbare Kunststoff gefunden: Aus diesem Stoff konnten so unterschiedliche Produkte wie Aschenbecher, Flugzeugpropeller, Schuhe und Billardkugeln hergestellt werden. Bereits einige Jahre zuvor hatte man – ebenfalls auf der Suche nach einem Ersatzstoff für Elfenbein bei der Herstellung von Billardkugeln – Zelluloid gefunden: Zellulosenitrat – oft auch als Nitrozellulose bezeichnet – ist eine mit Salpetersäure veresterte Zellulose, die mit Kampfer als Weichmacher versetzt ist. Zellulose kommt in der Natur sehr häufig vor.

Kunststoffe sind für Chemiker Polymere, in der Regel mit den Hauptbestandteilen Kohlenstoff und Wasserstoff: Die langen Molekülketten (Makromoleküle) sind aus einer großen Anzahl sich wiederholender Monomereinheiten aufgebaut. Das Bauprinzip entspricht mithin demjenigen der Proteine und Kohlenhydrate (siehe Abschn. 2.2.4). Zwischen benachbarten Polymerketten wirken zusätzlich Van-der-Waals-Bindungen (siehe Abschn. 2.1.1).

Ihre geringe Dichte und niedrige Verarbeitungstemperaturen machen diese Materialien als Werkstoff interessant. Kunststoffe werden jährlich zu 100 Millionen Tonnen hergestellt. In der über einhundertjährigen Geschichte der Kunststoffe wurden immer neue Sorten entwickelt. Viele dieser Polymere bauen sich aus organischen Monomeren auf, die wiederum auf der Basis von Erdöl, Erdgas oder anderen Naturstoffen hergestellt werden. Bei ihrer Herstellung müssen die Monomere zu den Makromolekülen polymerisiert werden. Die Eigenschaften der Kunststoffe hängen dabei vom chemischen Aufbau der Monomere, der Art ihrer Verknüpfung in der Molekülkette und der Anordnung der Kette selbst ab (Abb. 2.16). Durch Zugabe von sogenannten Weichmachern kann die Beweglichkeit der Ketten erhöht werden, andere Additive verbessern die Licht- oder die Temperaturbeständigkeit.

▶ In den Kunststoffen sind viele kleine Bausteine kovalent mit einander zu langen Ketten verbunden. Hermann Staudinger eröffnete 1920 mit dieser Vorstellung, die lange umstritten war, aber zunehmend experimentell untermauert wurde, den Weg zur gezielten Herstellung von Kunststoffen wie Polyvinylchlorid. 1953 erhielt er den Chemie-Nobelpreis für seine grundlegenden Arbeiten zur Polymerchemie.

Katalysatoren für die Kunststoffproduktion

Karl Ziegler und Giulio Natta erhielten 1963 den Chemie-Nobelpreis für die Entwicklung eines neuen Verfahrens zur Herstellung von Kunststoffen wie Polyethylen und Polypropylen. Bis dahin brauchte man für die Herstellung von Polyethylen tausendfachen Atmosphärendruck und hohe Temperaturen. Die Herstellung von Polypropylen war selbst auf diese Weise nicht gelungen. Mit Katalysatoren, die auf Metallen wie Titan und Aluminium basieren, wurde es möglich, diese Kunststoffe unter milden Bedingungen und in großen Mengen her-

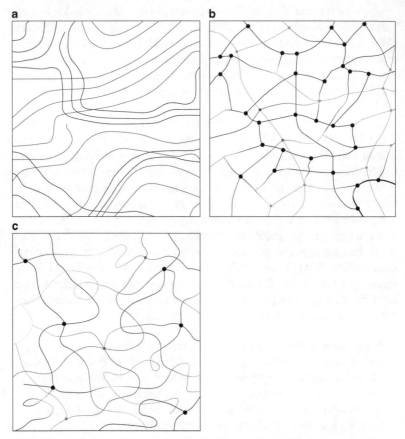

Abb. 2.16 Aufbau von Kunststoffen: In den Thermoplasten (**a**), Duromeren (**b**) und Elastomeren (**c**) ist die Anordnung und Verknüpfung der Molekülketten untereinander verschieden (nach http://www.chempage.de/theorie/kunststoffe.htm). (Bildrechte: acatech)

zustellen. Dabei lässt ein Gramm Katalysator, der selbst unverändert aus der Reaktion hervorgeht, durchaus 100.000 Kilogramm Kunststoff entstehen.

Anhand ihrer Verformbarkeit unterscheidet man verschiedene Typen von Kunststoffen (Tab. 2.2): Thermoplaste werden beim Erwärmen verformbar und behalten diese Form nach dem Erkalten bei. Duromere sind auch beim Erwärmen nicht verformbar.

Die vielfältigen Einsatzmöglichkeiten eines einzigen Kunststoffs lassen sich am Polyvinylchlorid (PVC) erkennen. PVC an sich ist spröde und hart. Durch Weichmacher, das sind chemische Substanzen, die dem Kunststoff zugesetzt sind und die das Gefüge der Molekülketten lockern, kann es auch flexibel, geschmeidig oder weich werden. Kämme, Fußbodenbeläge und Gartenschläuche werden daraus hergestellt. Und „Vinyls", wie die Schallplatten auf Englisch genannt werden.

Superabsorber

Diese Körnchen bestehen aus vernetzten Polymeren der Acrylsäure (und zwar aus deren Natriumsalz), die sich nicht in Wasser lösen, aber die vielfache Menge des eigenen Gewichts an Wasser aufsaugen können (Abb. 2.17). Dabei entsteht ein Gel. Eine wichtige Anwendung von Superabsorbern sind Babywindeln. Superabsorber werden auch eingesetzt in Bodenhilfsstoffen, die die Wasserhaltekapazität von Böden erhöhen.

Besondere Bedeutung haben die *Hochleistungspolymere*, die als Strukturpolymere und Funktionspolymere in Erscheinung treten. Zu den Strukturpolymeren gehören die aromatischen Polyester und die aromatischen Polyamide, die die sich aufgrund ihrer Kettensteifigkeit besonders durch hohe Zugfestigkeit aber auch durch hohe Temperaturbeständigkeit auszeichnen, ähnlich wie die aromatischen Polyimide und Polyetherketone. Zu den Funktionspolymeren gehören Polymere mit Halbleitereigenschaften wie das Polyacetylen, das nach Dotierung sogar in elektrisch leitfähiges Material überführt werden kann (siehe Abschn. 4.1.3), Polymere mit besonderen optischen oder magnetischen Eigenschaften.

Zahlreiche Verfahren dienen der *Kunststoff-Verarbeitung*. Etwa der Spritzguss: Der erhitzte, zähflüssige Thermoplast wird unter Druck in eine Form gepresst. Nach dem Erkalten entstehen Bauteile wie Gehäuse oder Ölwannen auch mit komplexen Geometrien. Eine Nacharbeit ist nicht erforderlich.

Tab. 2.2 Polymertypen mit verschiedenen Eigenschaften

Polymertyp	Eigenschaften	Struktur	Beispiel-Kunststoff	Anwendungs-beispiele
Thermoplaste	Werden beim Er-wärmen plastisch verformbar, schmelz-bar	Lineare oder nur ge-ringfügig verzweigte Molekülketten	Polyethylen Polypropylen Polyvinylchlorid (PVC) Polystyrol Polyurethan Polyethylenterephthalat (PET) Polycarbonat	Tragetasche Getränkekästen, … Abwasserrohre Bodenbeläge, … Haushaltsschwämme Getränkeflaschen Kondensatorfolien, CDs, DVDs
Duromere	Sind auch beim Erwärmen nicht schmelzbar und nur begrenzt verformbar,	Räumlich eng und starr vernetzte Mole-külketten	Phenolharze Melaminharz Polyesterharz	Elektrostecker Campinggeschirr Matrix für Faserver-bundwerkstoffe
Elastomere	Gummielastisch	Molekülketten mit weitmaschigen Ver-netzungen	Kautschuke	Autoreifen Dichtungen

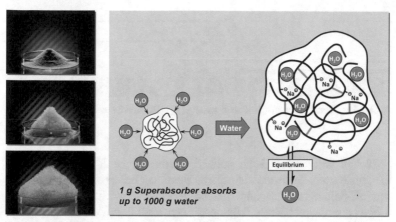

Abb. 2.17 Superabsorber saugen Flüssigkeiten auf. Bei Kontakt mit Wasser lösen sich Natriumionen aus dem Kunststoff. Die zurückbleibenden negativ geladenen Polymerstränge stoßen sich ab, quellen dadurch auf und nehmen Wassermoleküle in die Zwischenräume auf. (Bildrechte: BASF SE)

Folien, Profile, Schläuche und Ummantelungen stellt man aus Granulat her, das geschmolzen durch eine Form hindurch gepresst wird. Dieses Verfahren entspricht dem Strangguss beim Stahl. Hohlkörper entstehen mittels Extrusionsblasformen: ein Extruder drückt einen plastischen Schlauch in ein Hohlwerkzeug, eingeblasene Luft drückt den Schlauch an die abkühlenden Innenwände und formt ihn zum Hohlkörper, beispielsweise Flaschen oder Gießkannen.

Kompakte Kunststoffe lassen sich auch in poröse, leichte Werkstoffe verwandeln: So wird Polystyrol mit Wasserdampf und anderen Gasen aufgeschäumt. Das Volumen vergrößert sich um das 30-50fache. Es dient als Verpackungsmaterial und zur Wärmedämmung in Gebäuden. Auch aus Polyurethanen lassen sich Schäume herstellen, die als Dämmmaterial, Polster oder Badeschwamm Verwendung finden – je nach Porosität in verschiedenen Dichten und Härten.

Alle diese bislang genannten Polymere bestehen aus Kohlenstoffverbindungen, die heute wiederum zum großen Teil aus fossilen Rohstoffen (Öl, Gas, Kohle) stammen, im Prinzip aber auch aus anderen, etwa pflanzlichen Rohstoffen gewonnen werden können.

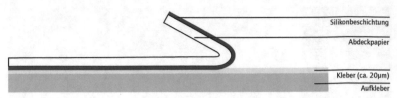

Abb. 2.18 Trennpapier aus Silikonen (nach [12]) (Bildrechte: acatech)

Neben Kohlenstoff kann auch Silizium als Basis für Kunststoffe dienen. Ketten, in denen sich Siliziumatome (mit je zwei Kohlenwasserstoff-Seitengruppen) und Sauerstoffatome abwechseln, werden als *Silikone* bezeichnet. Diese Polymere bieten vielfältige Anwendungsmöglichkeiten in Form von Ölen, Harzen und Kautschuken (z. B. elastische Backformen).

Trennpapier mit Silikon

Selbstklebende Etiketten müssen sich von dem Papier, auf dem sie geliefert werden, leicht trennen lassen. Das gelingt, indem dieses Trennpapier dünn und gleichmäßig mit Silikonen beschichtet ist. Für die Beschichtung wird das Silikon benötigt, ein Vernetzer (durch Art und Menge des Vernetzers werden die Abrieb- und Hafteigenschaften eingestellt) und schließlich ein Katalysator, der die Vernetzungsreaktion in Gang bringt (Abb. 2.18).

2.2.4 Werkstoffe der belebten Natur

Materialien wie Knochen oder Seide, die für Lebewesen wichtige Funktionen übernehmen, sind in der Regel komplex aufgebaut. Aus chemischer Sicht handelt es sich dabei um Gemische aus verschiedenen Stoffen, die auf verschiedenen Skalen strukturiert sind. Was eine Herausforderung für die Analytik war und ist, und was heute wiederum Materialwissenschaftler auf der Suche nach neuen Werkstoffen inspiriert, ist die Vielfalt an Strukturen, die quer durch die Größenmaßstäbe von der Molekülebene bis hin zum sichtbaren Bereich reicht. Genau diese Strukturierung ist Grundlage der Eigenschaften der Biopolymere. Sie sind dem jeweiligen Anwendungsfeld bemerkenswert gut angepasst.

▶ **Proteine – der Baukasten der Lebewesen** Proteine (Eiweiße) sind kettenförmige Moleküle, die in der Natur zum größten Teil aus einem Vorrat an 20 verschiedenen Aminosäuren aufgebaut werden, die wiederum hauptsächlich aus Kohlenstoff und Wasserstoff sowie Stickstoff, Sauerstoff und Schwefel aufgebaut sind.

Mehrere hundert bis tausend Aminosäuren sind – unter Austritt von Wasser – kovalent aneinander gebunden, und zwar in einer Abfolge (*Sequenz*), wie es die Erbinformation vorgibt. Diese langen Ketten arrangieren sich zu spezifischen dreidimensionalen Strukturen. So wie bei Werkstoffen insgesamt findet man hier auch die Unterteilung in Konstruktionswerkstoffe (also Baumaterial im Körper wie z. B. Keratin) und Funktionswerkstoffe (z. B. Botenstoffe oder Enzyme).

Viele feste Materialien in Lebewesen – Haare, Fingernägel, Hörner und Haut – basieren auf Proteinen, den Keratinen. Hier sind die Molekülketten wie in einem Seil mehrfach verdrillt und bilden schließlich Fasern (Abb. 2.19). Eine Vernetzung der parallelen Molekülketten erhöht die Stabilität weiter: So ist das Keratin in Hörnern und Klauen dichter vernetzt als das in Wolle und Haaren.

Die Spinnenseide und die Seide der Seidenraupe stellen ebenfalls ein Faserprotein, das Seidenfibroin. Diese Fasern sind – bezogen auf den Querschnitt – reißfester als Stahl. Fangnetze lassen sich hiermit besonders gut konstruieren, weil die Fäden um das bis zu Vierfache dehnbar sind, bevor sie reißen, und dabei die Flugenergie von Insekten wirkungsvoll absorbieren. Die Aminosäure-Sequenz und die Anordnung der Polymerketten legen die Grundlage für die Eigenschaften der Seide: einmal feste Fäden für große Netze, ein anderes Mal feine Fäden für Kokons. Im Spinnenfaden liegen dann einerseits viele dieser Molekülketten parallel und verleihen dem Biopolymer Festigkeit. Diese geordneten Bereiche, die Durchmesser im Nanometerbereich haben, sind abgegrenzt von Bereichen, in denen Proteinketten scheinbar ungeordnet liegen. Diese Matrix verknäulter Molekülketten trägt zur Flexibilität bei.

Exoskelette wie die Schalen von Hummer oder Krabben sind fest, leicht und biegsam. Hier bilden Chitinmoleküle, das sind Kohlenhydrate,

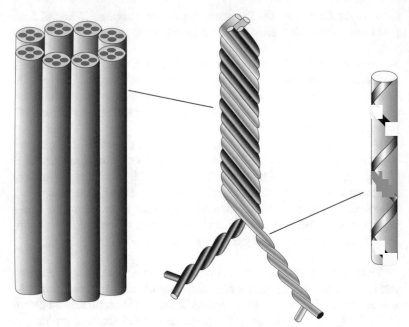

Abb. 2.19   Keratin ist ein Faserprotein (*rechts*), das seine Festigkeit einem komple-xen Aufbau verdankt: Jeweils zwei Paare von Molekülketten sind zu sogenannten Protofibrillen (*Mitte*) verbunden. Jeweils acht davon bilden die Mikrofibrillen (*links*). (Bildrechte: acatech)

die Basis (Abb. 2.20). Sie fügen sich zu Fibrillen (winzigen Fasern mit wenigen Nanometer Durchmesser) zusammen, die dann wiederum von Proteinen umhüllt werden. Mehrere dieser Bündel schließen sich zu ei-ner Chitinfaser zusammen. Damit die Schale hart und druckstabil wird, kommt Kalk (Kalziumcarbonat) hinzu, welches in Form kleiner Kügel-chen oder als Röhren die Chitin-Faserbündel umhüllt. Es handelt sich mithin um einen *Verbundwerkstoff*: er enthält verschiedene Komponen-ten, die in definierter Weise strukturiert sind. Diese Struktur bietet viel Platz für Variation und damit Anpassung an die Eigenschaften, die der Hummer braucht. Es gibt sogar eine durchsichtige Hummerschale, die das Hummerauge bedeckt [13].

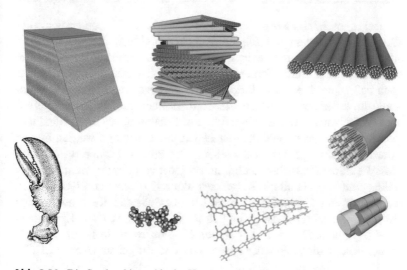

Abb. 2.20 Die Strukturhierarchie der Hummerschale (*links unten*; Hierarchie beginnend mit der Moleküledarstellung, gegen den Uhrzeigersinn): Moleküle des Zuckers N-Acetylglucosamin verbinden sich zu dem Biopolymer Chitin. Die Chitinmoleküle lagern sich zu Chitinfibrillen zusammen, die von einer Proteinhülle umschlossen werden. Viele dieser Bündel schließen sich zu Chitinfasern zusammen, die sich wiederum zu einer Faserlage nebeneinanderlegen (*rechts oben*). Die Faserlagen stapeln sich ähnlich, wie die Lagen einer Sperrholzplatte, versetzt übereinander. Diese Stapel bilden schließlich die Cuticula des Hummers, die aus drei Schichten mit variierender Struktur besteht. Während Endo- und Exocuticula der Schale ihre mechanische Stabilität geben, schützt die Epicuticula, die vor allem aus Proteinen und Fetten besteht, den Hummer vor schädlichen Umwelteinflüssen. (Bildrechte: MPI für Eisenforschung)

Biomineralien wie der Kalk im Chitinpanzer stellen eine Brücke zwischen „unbelebter" und „belebter" Natur dar. In Perlmutt beträgt der Kalkanteil bis zu 95 Prozent. Neben- und aufeinander geschichtete Kalkplättchen werden hier wiederum durch eine Matrix aus Chitin zusammen gehalten. Ihre Entstehung in Lebewesen folgt aus einem komplexen Wechselspiel von Kristallkeimbildung, Anlagerung organischer Komponenten wie Proteinen und anorganischen Komponenten wie Metallionen, Transportmechanismen sowie Steuerungsvorgängen.

Der menschliche Körper enthält eine Vielfalt an Biomineralien, zum Beispiel in Knochen und Zähnen: Knochen sind fest, aber nicht spröde, starr, aber belastbar und flexibel. Und leicht. Für Materialwissenschaftler ist es eine große Herausforderung, solch ein Material zu entwickeln, das sich außerdem durch selbstorganisierende Prozesse aufbaut. Die Natur hatte im Lauf der Evolution viel Zeit und hat gute Lösungen gefunden. Plättchen aus Hydroxylapatit (einer Kalziumphosphat-Verbindung) werden in den knochenbildenden Zellen produziert und werden in eine Matrix aus Kollagenfasern eingebaut. Der Prozess ist derart gesteuert, dass die Mineralplättchen auch immer wieder aufgelöst werden, sich neu bilden, und sich damit die Knochenstruktur an die äußeren Belastungen anpassen kann. Zahnschmelz – die härteste Substanz des menschlichen Körpers – besteht fast ausschließlich (zu 95 Prozent) aus dem kristallinen Hydroxylapatit. Dieses Kalziumphosphat-Mineral ist in Form nadelförmiger Fasern, die ineinander verflochten sind, aufgebaut (Abb. 2.21).

Selbstheilung in der Natur
Die Evolution hat allgegenwärtigen Grundstoffen stabile, beständige und gleichzeitig flexible Strukturen wie Knochen, Zähnen oder Holz geschaffen. Dabei sind Knochen keineswegs statisch, sondern eher eine Dauerbaustelle, auf der spezialisierte Zelltypen je nach Bedarf für Auf- bzw. Abbau von Material sorgen. Nach einem Knochenbruch können die Teile so wieder zusammenwachsen.

Zahnschmelz hat, ähnlich wie Knochen, eine sehr komplexe chemische Zusammensetzung: Er besteht aus einem Geflecht aus (weichen) Kollagen-Proteinen, in die (harte) Kalziumphosphat-Mineralien eingelagert sind. In den letzten Jahren wurde dieser Verbundwerkstoff mit dem Rasterkraftmikroskop untersucht. Dabei hat sich gezeigt, dass – ebenso wie bei Knochen – bei mechanischer Belastung einzelne Bindungen in dieser Protein-Mineral-Struktur gelöst werden, um sich bei der Entspannung wieder zu bilden. Computersimulationen haben gezeigt, dass Kollagen-Proteine, auch wenn sie nur in geringen Mengen zugegen sind, eine zentrale Rolle bei der Verformung und Selbstheilung des Zahnschmelzes spielen [14]. Diese Moleküle sorgen dafür, dass sich die

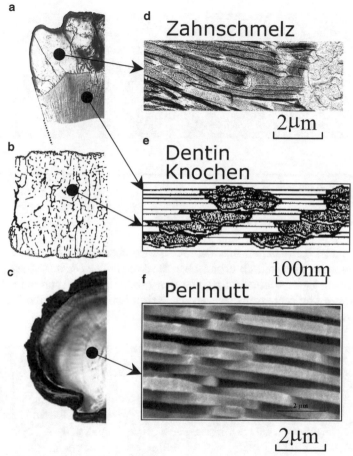

a

b

c

d Zahnschmelz

2μm

e Dentin
Knochen

100nm

f Perlmutt

2 µm

2μm

Abb. 2.21 Hartes biologisches Gewebe wie **a** und **d** Zahnschmelz, **b** und **e** Knochen oder **c** und **f** Perlmutt sind Nano-Komposite aus harten Mineralkristallen, die in eine weiche (Protein-)Matrix eingebettet sind. (Bildrechte: MPI für Metallforschung)

Kalziumatome bei Verformung unter Druck nur in klar abgegrenzten Bereichen des Zahnschmelzes verschieben. Andere Regionen bleiben hingegen unbeschädigt. Sobald der äußere Druck nachlässt, rücken die Atome nahe den Proteinen wieder zurück, so dass nach einiger Zeit der Zahnschmelz seine ursprüngliche Struktur wieder hat, sich also ganz von selbst heilt.

2.3 Eigenschaften

2.3.1 Mechanische Eigenschaften

Erst ihre Eigenschaften machen Werkstoffe überhaupt interessant. Sie basieren auf physikalisch-chemischen Strukturen. Die *Dichte* (Masse pro Volumen) ist eine Eigenschaft, die sich direkt aus der Anordnung der Atome ergibt; kennt man diese, etwa in Kristallen, so lässt sich die Dichte mit Kenntnis der Atommassen berechnen.

Dichten von Werkstoffen im Vergleich
Die Dichte spielt für den Leichtbau eine bedeutende Rolle. So ist Magnesium mit 1,74 Gramm pro Kubikzentimeter (g/cm^3) das leichteste Metall. Es gehört mit Aluminium ($2,7\,g/cm^3$) zu den technisch bedeutsamen Elementen für Leichtbaulegierungen. Aus diesem Grund findet Aluminium breite Anwendung in der Fahrzeug- und Flugzeugindustrie sowie im Behälter- und Gerätebau und im Bauwesen, z. B. für Fassadenverkleidungen und Fenster. Zu den Schwermetallen (diese weisen Dichten größer $4,5\,g/cm^3$ auf) gehören Eisen mit $7,87\,g/cm^3$, aber auch Kupfer oder Nickel. Zu den schwersten Metallen gehören die Edelmetalle Platin mit $21,44\,g/cm^3$ und Gold mit $19,28\,g/cm^3$. Dagegen haben mineralische Gläser Dichten von ca. 2,5 und Kunststoffe von ca. 0,9 bis $1,4\,g/cm^3$.

Hart, fest, steif, spröde oder zäh – dies sind Begriffe für eine Vielzahl von mechanischen Eigenschaften, die aus dem Alltag bekannt sind, jedoch für die Materialwissenschaft und Werkstofftechnik präzisiert und differenziert worden sind. Die *Festigkeit* (engl. strength) gibt den Widerstand (in Kraft je Querschnitt) an, den ein Werkstoff einer Belastung entgegen setzt, beispielsweise beim Auseinanderziehen eines Werkstücks (siehe Beispiel Zugversuch). Entsprechend lässt sich Druck-, Biegungs-, Torsions- oder Scherbelastung ermitteln. Die Festigkeit ist mithin ein Maß für die ertragbare Belastung eines Werkstoffs und damit ein Grenzwert. Anders die *Steifigkeit* (stiffness), die den Widerstand eines Körpers gegen eine Dehnung oder andere Verformung durch eine Kraft beschreibt: Eine Feder, die sich schwer auseinanderziehen lässt, besitzt eine hohe Steifigkeit.

Messung mechanischer Eigenschaften durch den Zugversuch

Mit dem Zugversuch wird untersucht, wie sich ein Werkstoff unter Zugbeanspruchung verhält, welche elastischen und plastischen Eigenschaften er hat, und welche Spannungen er aushält. Diese Eigenschaften und Kennwerte sind unter anderem dann wichtig, wenn Bauteile für Autos oder Kraftwerke ausgelegt werden.

Dabei wird ein – typischerweise runder – Stab in einer sogenannten Zugprüfmaschine gedehnt ([15], Kap. 6): Man misst die Verlängerung der Probe und die Kraft, die aufgewendet wird. Mit Hilfe des Diagramms, in dem die Spannung (Kraft bezogen auf den Querschnitt der Probe) gegen die Dehnung (Längenänderung in Prozent) aufgetragen ist, lassen sich Werkstoffeigenschaften vergleichen und Kennwerte ablesen (Abb. 2.22).

Im Zugversuch lassen sich die Elastizitätsgrenze, bis zu der nur eine elastische Dehnung stattfindet, die Dehngrenze, die den Beginn der plastischen Verformung mit einem bestimmten Dehnungswert, z. B. 0,2 Prozent, und die Zugfestigkeit, bei der maximalen Spannung sowie die Bruchdehnung (die bleibende Verlängerung der Probe nach dem Bruch) ermitteln:

Bei Stahl und anderen Metallen (Abb. 2.22a) ist die Spannung zur Dehnung bis hin zur sogenannten Elastizitätsgrenze proportional: Die Verformung der Ausgangslänge verschwindet bei Entlastung wieder vollständig; der Werkstoff verhält sich also elastisch. Das Verhält-

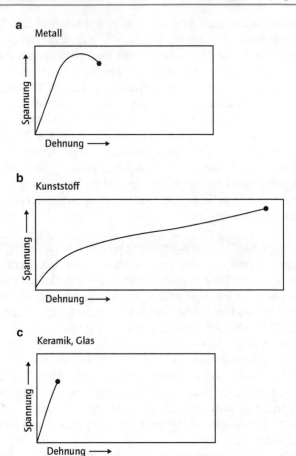

Abb. 2.22 Spannungs-Dehnungs-Diagramme verschiedener Werkstoffklassen (qualitativ): Metalle (**a**), Kunststoff (**b**), Keramik/Glas (**c**) (Bildrechte: acatech)

nis der auf die Spannungszunahme bezogenen Dehnungszunahme ist im elastischen Bereich konstant (*Elastizitätsmodul*). Hieraus kann die *Steifigkeit*, also der Widerstand gegen elastische Dehnung, abgeleitet werden, die etwa bei Eisenlegierungen rund dreimal höher ist als bei Aluminium.

Bei weiter zunehmender Spannung (die Dehnung nimmt deutlich zu) flacht die Spannungs-Dehnungs-Kurve ab als Charakteristik für die bleibende plastische Verformung und erreicht mit dem Wert der Zugfestigkeit ein Maximum. Hier beginnt sich der Stab einzuschnüren (der Querschnitt verengt sich an einer Stelle der Probe), bis es an dieser eingeschnürten Stelle bei weiterer Dehnung bricht.

Diese aus dem Zugversuch ermittelten Diagramme ergeben für verschiedene Werkstoffklassen charakteristische Verläufe. Im Vergleich zu Metallen sind Elastomere über einen vergleichsweise weiten Bereich dehnbar (Abb. 2.22b), während etwa Keramik kaum dehnbar ist (Abb. 2.22c).

Die im Zugversuch zu ermittelnde *Bruchdehnung*, die bei Stahl 25 Prozent und mehr betragen kann, ist ein Maß für die Verformungsfähigkeit (*Duktilität*). Duktile Werkstoffe (Gold, Silber, Platin, Kupfer, Aluminium – Metalle mit kubisch flächenzentrierten Elementarzellen) lassen sich durch eine Kraft sehr stark plastisch verformen, beispielsweise dehnen, bis sie brechen. Gold ist hier ein besonderes Beispiel, weil es sich auf eine Dicke von wenigen Atomlagen austreiben lässt (das Kristallgitter ermöglicht die Verschiebung der Atome entlang der Gleitebenen).

Der Gegensatz zu duktil ist spröde. Spröde Werkstoffe brechen „ohne Vorankündigung", also nach nur geringer (oft nur elastischer) Verformung. Die typischen Bruchbilder charakterisieren dieses Verhalten durch mattes Bruchaussehen mit Wabenstruktur beim Verformungsbruch (Abb. 2.23) und kristallin glänzendem Aussehen mit Spaltfacetten beim Sprödbruch (Abb. 2.24).

Nun könnte man meinen, dass duktile Stoffe generell bevorzugt sind. Doch Duktilität steht in vielen Fällen der Festigkeit bzw. Härte von Stoffen entgegen, die wiederum erwünscht ist, wo immer hoher Versagenswiderstand gewünscht ist oder auch Verschleiß vermieden werden soll: Thermoplastische Kunststoffe und Elsatomere sind duktil und weich (sie können bei tieferen Temperaturen aber auch spröde werden, so wie ein Silikon-Dichtungsring bei der Challenger-Explosion, siehe Abschn. 6.2.2.4), Keramik ist spröde und hart. Metalle und ihre Legierungen besetzen den Zwischenbereich.

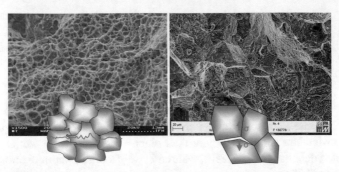

Abb. 2.23 Bruchflächen von Gewaltbrüchen: Transkristalliner Gleitbruch mit Wabenstruktur (*links*), interkristallinger Gleitbruch mit Wabenstruktur (*rechts*) (Bildrechte: TU Darmstadt)

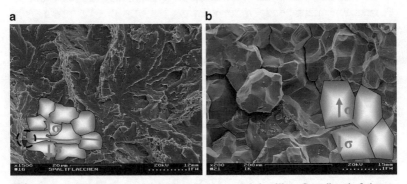

Abb. 2.24 Bruchflächen von Sprödbrüchen: **a** transkristalliner Sprödbruch, **b** interkristalliner Sprödbruch (Bildrechte: TU Darmstadt)

Qualitativ wird *Härte* (hardness) verstanden als der mechanische Widerstand, den ein Werkstoff der mechanischen Eindringung eines härteren Prüfkörpers entgegensetzt. Tatsächlich ist Härte eine Eigenschaft, die quantitativ schwer zu fassen ist und oftmals nur in relativen Skalen angegeben wird. Als härtestem Werkstoff kommt dem Diamant eine besondere Bedeutung zu.

Der Widerstand eines Werkstoffs gegen Rissbildung oder Bruch wird als *Zähigkeit* bezeichnet (toughness). Keramiken weisen eine geringe Zähigkeit auf, Metalle eine hohe. Die Zähigkeit ist wichtig für die Toleranz von herstellungsbedingten Fehlern, die nur mit sehr hohem Aufwand vermeidbar sind, oder Risse, die durch Betriebsbeanspruchung entstehen können.

2.3.2 Wie Bauteile anhand von Werkstoffeigenschaften ausgelegt werden

Die *Zug-, Druck-, Biege-, Torsions-* oder *Scherfestigkeit* bezeichnet die höchste ertragbare Spannung bei der jeweiligen Beanspruchungsart eines geprüften Probestücks unter genormten Bedingungen. Die Festigkeit ist mithin die Widerstandsfähigkeit gegen die jeweilige äußere Belastung. Diese messbare Größe stellt, ebenso wie die Dehngrenze, ein wesentliches Kriterium bei der Konstruktion von Bauteilen dar. Konstrukteure berechnen die Dicke (und damit das Gewicht) einzelner Bauteile auf dieser Basis. Je höher die Festigkeit eines Materials ist, umso materialsparender und leichter kann man ein Bauteil konstruieren.

Allerdings verringert sich mit zunehmender Festigkeit auch die Verformungsfähigkeit eines Werkstoffes und die Gefahr eines Versagens durch Sprödigkeit wächst. Aufwändige Legierungsentwicklung und Herstellungstechnik ermöglicht es heute, Stähle mit gleichzeitig hohen Festigkeiten und gutem Verformungsvermögen herzustellen (siehe Abschn. 5.2.1).

Konstrukteure verwenden die im Versuch ermittelten Werkstoffkennwerte, um bei der Bauteilentwicklung Beanspruchung und zulässige Beanspruchbarkeit zu optimieren. Dabei sind alle während des Betriebs möglichen Beanspruchungen zu berücksichtigen, so zum Beispiel wiederholende Belastungen, die zur sogenannten Schwing- oder Ermüdungsbeanspruchung führen. Diese Art der Beanspruchung kann durch Rissbildung und Risswachstum zu einem Versagen des Bauteils weit unterhalb der Dehngrenze oder Zugfestigkeit führen und wird als *Ermüdungsfestigkeit* bezeichnet. Infolge dieser Beanspruchung entstehen die dafür typischen Schwingstreifen auf der Bruchfläche (Abb. 2.25), wobei im Idealfall jedem Schwingstreifen eine Schwingung, auch als Lastwechsel bezeichnet, zugeordnet werden kann.

a   b   c

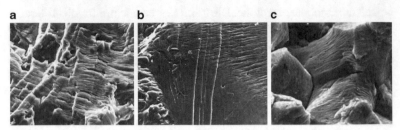

Abb. 2.25 Ermüdungsbruchfläche mit Schwingstreifen: transkristallin (**a**,**b**) bzw. interkristallin (**c**) (Bildrechte: TU Darmstadt)

Die Ermüdungsfestigkeit ist sehr stark von der Höhe der Spannungs-oder Dehnungsamplituden, von der mittleren Spannung, um die sich diese Schwingungen bewegen, sowie von der Anzahl der Schwingspiele abhängig, Die meisten Bauteile werden – neben der statischen Beanspruchung – solcher schwingenden Beanspruchung ausgesetzt, oft mit sehr unterschiedlichen Beanspruchungshöhen. Mit diesen Wechselwirkungen befasst sich die *Betriebsfestigkeit*.

Auch höhere Temperaturen reduzieren die Festigkeit, weil sich das Ausgangsgefüge durch Phasenumwandlungen und andere zeit- und temperaturabhängige Prozesse in unerwünschter Weise verändert. Dies wird in Zeitstandversuchen gemessen; die *Zeitstandfestigkeit* beschreibt diese Werkstoffeigenschaft (vgl. Abschn. 6.3.1). Dafür werden Proben bei einer bestimmten Spannung im Ofen belastet. Die Zeit bis zum Bruch ist von der Höhe der Spannung abhängig. Die sich daraus ergebende Zeitstandfestigkeit ist für eine bestimmte Versuchszeit definiert, z. B. für 10.000 oder 100.000 Stunden (dies sind 11,4 Jahre) und bei der Spannung, bei der die Probe nach dieser langen Zeit bricht. Diese langen Versuchszeiten werden im Prüflabor durchgeführt, um eine sichere Bauteilauslegung zu ermöglichen. Die längsten Versuchszeiten betrugen über 300.000 Stunden, d. h. über 30 Jahre. Bei der Belastungsspannung brach diese Probe nicht und charakterisierte damit einen sehr gut zeitstandfesten Werkstoff. Diese langen Beanspruchungszeiten sind im Chemieanlagenbau, bei Kraftwerksanlagen oder bei Druckbehältern nicht ungewöhnlich, so dass diese Beanspruchungen bei der Bauteilauslegung berücksichtigt werden.

Darüber hinaus wird die Gefahr eines Bauteilversagens durch Risseinleitung, Risswachstum und Bruch infolge der Betriebsbeanspruchung mit Hilfe von bruchmechanischen Berechnungen überprüft. Dabei werden die in statisch-, dynamisch-, schwingend- oder kriech-Beanspruchung ermittelten Eigenschaften an rissbehafteten Proben ermittelt. Mit Hilfe dieser Eigenschaften kann man die Risswachstumsgeschwindigkeit und den Versagenszeitpunkt bzw. die kritische Spannung oder kritische Fehlergröße berechnen.

Grundsätzlich gilt, dass alle Eigenschaften, die man an einem Werkstoff misst, streuen können. Das bedeutet, dass z. B. die 0,2 Prozent Dehngrenzen oder Zugfestigkeiten mehrerer Proben, die aus einem eng begrenzten Werkstoffbereich entnommen und geprüft wurden, in ihrer Größe Abweichungen bis zu 5 Prozent aufweisen können: Die Ergebnisse streuen. Bei Vorliegen von Gefüge-Inhomogenitäten können diese *Streuungen* noch größer sein. Insbesondere bei der Prüfung unter schwingender Beanspruchung können die Schwingspiele bis zur Risseinleitung oder zum Bruch der Probe um mehr als 100 Prozent voneinander abweichen! Diese großen Streuungen sind auch bei der Zeitstandfestigkeit möglich.

Bei technischen Werkstoffen sind diese Streuungen nicht zu vermeiden. Sie werden bei der Konstruktion und Berechnung berücksichtigt, indem man aus den Messergebnissen der Eigenschaften *Mittelwerte* mit einem entsprechenden Streuband berechnet, oder indem man mit *Mindestwerten* auslegt.

2.3.3 Beständigkeit gegen Korrosion und Verschleiß

Neben den genannten *mechanischen Eigenschaften*, die bei Konstruktionswerkstoffen im Vordergrund stehen, gibt es eine Vielzahl anderer Eigenschaften. Von großer Bedeutung ist die *Korrosionsbeständigkeit*, d. h. der Widerstand der Werkstoffoberfläche gegen Reaktionen mit der Umgebung (vgl. Abschn. 6.3.3). Zu Reaktionen kann es in der Atmosphäre z. B. bei Karosserieblechen und Brücken sowie bei Fassaden- oder Bauelementen kommen. In wässrigen Lösungen können Rohrleitungen, Chemieanlagen sowie Schiffsoberflächen oder Offshore-Windenergieanlagen ihre Oberfläche verändern und dadurch ihre Funktionen beeinträchtigt werden. Auch in Gasen kann es zur sogenannten Heißgaskorrosion kommen, z. B. in Brennkammern von Öfen oder Flugtriebwerken (siehe auch Abschn. 5.3.1).

Eine Besonderheit und manches Mal ein Problem ist dabei die Tatsache, dass viele Werkstoffe in der Umgebung, in der sie eingesetzt und beansprucht werden sollen, chemisch nicht stabil oder nicht ausreichend stabil sind. Sie reagieren an ihren Oberflächen (siehe Abschn. 2.1.3 und 6.3.3) mit Bestandteilen des Umgebungsmediums unter der Bildung von chemischen Verbindungen, die unter diesen Bedingungen stabiler sind. Das Umgebungsmedium kann z. B. Luft mit dem Bestandteil Sauerstoff, Wasser mit den darin gelösten Salzen, der heiße Wasserdampf in einer Turbine oder das heiße Verbrennungsgas in einem Flugtriebwerk sein. Die Zusammensetzung der Reaktionsprodukte ist abhängig von Art und Zusammensetzung des Mediums oder Werkstoffes. Der Vorgang wird allgemein als Korrosion bezeichnet. Konsequenz ist, dass die Stoffauswahl für eine bestimmte Anwendung auch an diese Einsatzbedingung angepasst sein muss – oder zusätzliche Maßnahmen zum Schutz der Oberfläche vor Korrosion zu ergreifen sind.

Eisen und viele Stahlsorten rosten durch elektrochemische Vorgänge, etwa indem sich Metallionen auflösen. Da das unerwünscht ist, behilft man sich mitunter mit Lackieren, das einen gewissen Schutz bietet. Um aber die Korrosion zu verhindern, brauchte es eine Weiterentwicklung des Stahls: Vorbild sind hier manche Werkstoffe wie Aluminium, die von selbst eine Schutzschicht gegen Korrosion bilden (*Passivschicht*): Eine schützende Oxidhaut, die aus z. B. Aluminium und Sauerstoff zusammen gesetzt und rund ein tausendstel Millimeter dick ist. Nichtrostende Edelstähle – es gibt über einhundert Sorten – sind spezielle Legierungen mit einem Kohlenstoffanteil unter einem Prozent und mit einem Chromanteil von mindestens 10 Prozent. Bei diesen Edelstählen entsteht dank Chrom – ähnlich wie bei Aluminium – an der Oberfläche eine dünne, transparente Schutzschicht aus Chromoxid, die undurchlässig ist und sich nicht ablöst. Falls diese Passivschicht etwa durch mechanischen Einfluss doch einmal beschädigt wird, kann sie sich unter Einfluss von Luftsauerstoff sofort wieder neu bilden (man spricht hier von Repassivierung). Dadurch sind Edelstähle in den meisten Medien korrosionsbeständig. Beispiele sind Küchengeräte, medizintechnische Geräte oder Weintanks – der Stahl kann jahrzehntelang stabil bleiben.

Edelstahl ist nicht gleich Edelstahl – Achtung vor Chlor!

Auch rostfreie Stähle können korrodieren – etwa wenn in Schwimmbädern nicht geeignete Legierungen eingesetzt werden. Die Ursache für die dann auftretende Korrosion sind zu hohe Chlorid-Gehalte im Wasser, für die die verwendete Legierung nicht geeignet ist (siehe auch Abschn. 6.3.3).

Chlor wird zur Desinfektion dem Wasser in bestimmten Konzentrationen beigegeben. Durch die Chloride wird jedoch die Löslichkeit der Metalle in wässrigen Lösungen deutlich vergrößert, so dass die Geschwindigkeit zur Ausheilung der durch mögliche mechanische, abrasive, erosive oder Verschleißbeanspruchung zerstörten Passivschicht verringert oder gar verhindert wird und dies zur Korrosion führt. In den Bereichen, die vom Schwimmbadwasser umspült werden und immer wieder trocknen, kommt es außerdem zu Ablagerungen von Verschmutzungspartikeln und damit zu einer örtlichen Anreicherung von Chloriden, die die Korrosion fördern.

Die im Schwimmbad einzusetzenden Sorten sind austenitische Chrom-Nickel-Molybdän-Stähle und auch so genannte Duplex-Stähle mit austenitisch-ferritischem Gefüge, d. h. hochlegierte (und damit auch teurere) Edelstähle. Für die Werkstoffauswahl sind neben den Chloridgehalten auch die Betriebsbedingungen wie z. B. die in Wasser gelösten Stoffe, Wasseraufbereitung, Be- und Entlüftung, Temperaturen und auch Reinigung sowie die konstruktive Gegebenheiten und Verarbeitungsbedingungen von Bedeutung. Wird dies beachtet, ist eine lange Lebensdauer der Schwimmbadanlage aus rostfreiem Stahl möglich [16].

Die *Oxidationsbeständigkeit* beschreibt die Neigung der Metalloberfläche, eine oxidische Deckschicht in feuchter bzw. heißer Luft oder in wässrigen Lösungen zu bilden. Je nach Wirkung der Oxide können die Oxidschichten schützen (wie z. B. bei Aluminium) oder dicke Zunderschichten bei Rohren in Kesseln bilden, die den Wärmeübergang erschweren, durch Auflösung der Metalloberfläche zur Querschnittsverringerung der Wanddicke führen und damit die Funktion beeinträchtigen.

Die *Verschleißfestigkeit* ist eine wichtige Eigenschaft, um den fortschreitenden Materialverlust an der Oberfläche eines Bauteils infolge einer mechanischen Beanspruchung durch Kontakt und Relativbewegung eines festen, flüssigen oder gasförmigen Gegenkörpers zu charakterisieren (vgl. Abschn. 6.3.2). Die Oberflächenhärte und Rauigkeit beeinflussen wesentlich die Reibung und damit den Verschleiß. Verschleiß findet z. B. beim Abrollen von Reifen auf der Straße statt und verändert das Reifenprofil oder wird bei der mechanischen Bearbeitung und Formgebung von Bauteilen beim Fräsen oder Drehen im positiven Sinn genutzt.

2.3.4 Thermische Eigenschaften

Silber, Kupfer, Gold und Aluminium haben die höchsten *Wärmeleitfähigkeiten*, während die von Gläsern, Keramik mit Ausnahme des Berylliumoxides aber auch von Polymeren sehr niedrig sind. Bei Metallen bestimmen die leitfähigen Elektronen und bei Polymeren und Keramiken die Atomschwingungen das Wärmeleitvermögen. Sowohl steigende Temperaturen als auch strukturelle Unordnungen verringern die Leitfähigkeit. Besonders wirksam sind dafür poröse Strukturen.

Wärmeschutz im Space Shuttle

Wenn der *Raumtransporter Space Shuttle* am Ende seiner Missionen wieder in die Atmosphäre eintrat, wurde durch die damit verbundene sehr hohe Reibung eine außerordentliche Aufheizung der Oberfläche verursacht. Hier wurde speziell ein wiederverwendbares Wärmeschutzsystems entwickelt, das den hohen thermomechanischen Belastungen durch die Temperaturunterschiede widersteht sowie den mechanischen Belastungen, den Druckunterschieden, den atmosphärischen Verunreinigungen und der Feuchtigkeit. Zur Verringerung der Reibung sollte die Oberfläche sehr glatt sein. Darüber hinaus musste eine Befestigung der Platten mit der aus einer Aluminiumlegierung bestehenden Flugzeugzelle erfolgen. Abhängig von den örtlich verschiedenen Oberflächentemperaturen wurden unterschiedliche Systeme entwickelt und dann eingesetzt:

Etwa 70 Prozent der Oberfläche sind vor Temperaturen von 400 bis 1260 Grad zu schützen. Für diese hochbeanspruchten Bereiche wurden Kacheln aus Quarzglas eingebaut. Für den Bereich zwischen

400 bis 650 Grad wurde eine wiederverwendbare Isolierung aus hoch-
reinen Quarzfasern mit einem Durchmesser von 1 bis 4 Mikrometer
und Faserlängen von etwa 3 Millimeter verwendet, die bei hohen
Temperaturen gesintert wurden und poröse, leichte Platten mit einem
maximalen Wärmeschutz ergeben.

Die *thermische Ausdehnung* und der Ausdehnungskoeffizient beschreiben die Volumen- und damit die Gestaltänderungen eines Werkstoffes bei veränderlichen Temperaturen. Mit zunehmender Temperatur
dehnen sich die Werkstoffe aus. Bei Temperaturunterschieden in einem Bauteil verursachen die unterschiedlichen Dehnungen Spannungen,
die bei schneller Abkühlung sogar Risse erzeugen können. Da die
Ausdehnungen werkstoffspezifisch sind, kann es bei Verbundwerkstoffen und Multimaterialsystemen bei Temperaturbeanspruchung und auch
bei ungleichartigen Schweißverbindungen beim Schweißen zu großen
Dehnungen und damit zusätzlichen Beanspruchungen kommen, die berücksichtigt werden müssen.

Von der Eigenschaft zur Funktion: Bimetall

Ein Metallstreifen aus zwei Schichten unterschiedlicher Metalle, die
miteinander verbunden sind, verbiegt sich bei Temperaturänderung:
Ursache ist die unterschiedliche Wärmeausdehnung der beiden Metalle (zum Beispiel Zink und Stahl).

Bimetalle regulieren Heizungen und Kühlschränke, indem sie in
einem Temperaturschalter in Abhängigkeit von der Temperatur einen
Kontakt öffnen oder schließen, der die Heizung oder Kühlung ein-
bzw. ausschaltet.

2.3.5 Elektrische, magnetische und optische Eigenschaften

Darüber hinaus sind die *thermoelektrischen Eigenschaften*, die die Wechselwirkungen zwischen elektrischen und thermischen Transportvorgän-
gen in Festkörpern beschreiben z. B. wichtig für Thermoelemente zur
Temperaturmessung. Dabei werden zwei verschiedene Leiter in das gleiche Temperaturfeld gebracht. Die dabei entstehende Potentialdifferenz

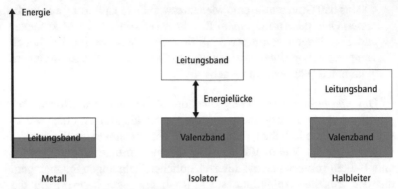

Abb. 2.26 Bandstruktur der Halbleiter (Bildrechte: acatech)

erzeugt eine Thermospannung, die ein Maß für die Temperaturdifferenz ist.

▶ Die Leitfähigkeit eines Werkstoffs hängt von der Verfügbarkeit beweglicher Ladungsträger, beispielsweise Elektronen, ab. Metalle leiten den elektrischen Strom mit ihrem Elektronengas daher gut. **Halbleiter** – dabei kann es sich um Halbmetalle wie Silizium und Germanium handeln, aber auch um organische Materialien – sind bei tiefen Temperaturen nicht elektrisch leitfähig, sie isolieren. Erst bei höheren Temperaturen werden sie elektrisch leitend: Man kann dies mit dem sogenannten *Bändermodell* dadurch erklären, dass Elektronen dann aus einem vollbesetzten Valenzband durch die thermische Energie über die Energielücke in das Leitungsband angehoben werden (Abb. 2.26).

Die Leitfähigkeit von Halbleitern lässt sich durch Dotieren, d. h. gezieltes Einbringen von Fremdatomen, steuern. Atome mit einem Außenelektron weniger als Silizium (das sind beispielsweise Bor und Aluminium) sorgen für Elektronenmangel (p-Halbleiter), Atome mit einem Außenelektron mehr als Silizium (zum Beispiel Phosphor und Arsen) sorgen für Elektronenüberschuss (n-Halbleiter).

Die *Koerzitivkraft* und *Remanenz* bestimmen die Eigenschaften der Magnete. Magnete behalten nach der Entfernung des Magnetfeldes einen Restmagnetismus, die man als Remanenz bezeichnet. Die Koerzitivkraft ist dabei das Maß für die magnetische Feldstärke, die aufzubringen ist, um den Restmagnetismus eines Magneten vollständig zu beseitigen. Magnete mit einer hohen Koerzitivfeldstärke sind die Dauermagnete, die nachdem sie im Magnetfeld dauerhaft magnetisiert wurden ein eigenes Magnetfeld mit einer hohen Energiedichte und damit hohe Remanenz haben. Dies sind z. B. Ferrite, d. h. Eisen- Legierungen und Legierungen aus Aluminium-Nickel-Kobalt oder Neodym-Eisen-Bor oder Samarium-Kobalt.

Für viele Anwendungsfälle sind auch die *optischen Eigenschaften* von Bedeutung wie *Absorption, Lichtdurchlässigkeit* und*Reflexion*. Dies gilt nicht nur für Gläser sondern auch für bestimmte Metalle, Kunststoffe und spezielle Nanomaterialien.

2.3.6 Verarbeitungseigenschaften

Bei der Herstellung der Werkstoffen und Bauteile sind ihre *Verarbeitungseigenschaften* von großem Einfluss auf die Qualität und Kosten. Dies sind die Vergießbarkeit und das Formfüllungsvermögen der Schmelze, die Kalt- und Warmumformbarkeit beim Walzen, Rollen und Schmieden, die Tiefziehfähigkeit insbesondere für Karosseriebleche, die Schweißbarkeit z. B. für Stahlträger für den Hochbau oder Brücken oder für den Schiffbau und auch die mechanische Zerspanbarkeit bei der Formgebung bzw. Nachbearbeitung der Bauteiloberflächen.

Wie Verarbeitung die Eigenschaft bestimmt: Textilien

Ob natürliche Fasern wie Baumwolle oder synthetische Fasern wie Polyester oder andere Kunststoffe: Neben der Art des gesponnenen Fadens bestimmt seine weitere Verarbeitung zum textilen Flächengebilde die Eigenschaften der Textilien.

Webwaren wie etwa Oberhemden entstehen durch Verkreuzen von zwei rechtwinkligen Fadensystemen. Strick- und Wirkwaren (z. B. für Pullover) setzen sich aus Maschen zusammen, die ineinander gehängt sind und dadurch ihren Halt bekommen. Sie sind dadurch elastischer als Webwaren.

2.3.7 Wie Kombinationen von Eigenschaften ausgewählt werden

Einzelne Werkstoffe und Werkstoffklassen belegen einen jeweils begrenzten Bereich von Eigenschaften. Kein Wunder, weil auch ihr physikalisch-chemischer Aufbau ähnlich ist. Trägt man jeweils zwei verschiedene Eigenschaften gegeneinander auf (typischerweise logarithmisch, weil die meisten Eigenschaften über mehrere Größenordnungen

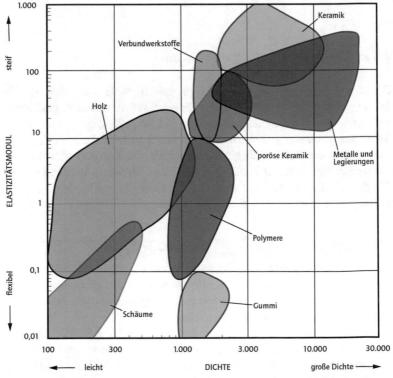

Abb. 2.27 „Blasen" von Werkstoffklassen zu den Eigenschaften Elastizitätsmodul und Dichte nach [18] bzw. [19] (Bildrechte: acatech)

reichen), finden sich Werkstoffklassen jeweils in einer „Blase" zusammen:

Die Abb. 2.27 kombiniert Elastizitätsmodul (wie viel Widerstand ein Material der elastischen Verformung entgegen setzt, siehe Abschn. 2.3.1) und Dichte: Keramik und Metalle sind generell steifer (weiter oben im Diagramm) als Holz und Polymere. Gummis besitzen einen sehr kleinen Modul (unten im Diagramm). Gemeinsam mit der Dichte finden sich die einzelnen Werkstoffklassen in Blasen zusammen: Diese Blasen spiegeln einerseits den physikalisch-chemischen Aufbau, andererseits können sie Ausgangspunkt sein, um gezielt Werkstoffe für bestimmte Anwendungen zu identifizieren: Man sucht ein Material für einen leichten, doch steifen Fahrradrahmen [17]? Oben (steif) bzw. links (leicht) in dem Diagramm finden sich Holz, Verbundwerkstoffe, einige Metalle und Keramik. Diese Werkstoffklassen haben also passende Eigenschaften. Berücksichtigt man weitere Eigenschaften wie Festigkeit, Verarbeitbarkeit oder Kosten, dann bleibt gar nicht mehr so viel Auswahl und der „richtige" Werkstoff ist gefunden.

Literatur

[7] Expedition materia

[8] http://www.nobelprize.org/nobel_prizes/chemistry/laureates/2011/advanced-chemistryprize2011.pdf

[9] http://www.techportal.de/de/443/8/static,public,static,1133/

[10] H.-J. Bullinger (Hg.): Technologieführer, Springer, Berlin, Heidelberg 2007, S. 16.

[11] Deutsches Museum (Hg.): Werkstoff Glas (Ausstellungsführer Glastechnik, Band 1), München 2012, S. 43.

[12] Wacker Chemie GmbH (Hg.): Schulversuche mit Wacker-Silikonen

[13] A. Stirn: Die Rezeptur der Hummerschale, MaxPlanckForschung 4/2011, S. 72–79.

[14] M.-D. Weitze: Reparatur mit den Mitteln der Natur, Neue Zürcher Zeitung 12. Januar 2011, S. 34.

[15] R. Schwab: Werkstoffkunde und Werkstoffprüfung für Dummies, Wiley-VCH, Weinheim 2011.

[16] http://www.edelstahl-rostfrei.de/downloads/iser/mb_830.pdf,
      http://www.edelstahl-rostfrei.de/downloads/iser/mb_831.pdf

[17] http://www-materials.eng.cam.ac.uk/mpsite/tutorial/IE/usecharts.html

[18] M. F. Ashby: Materials Selection in Mechanical Design: Das Original mit Über-
      setzungshilfen, Spektrum Akademischer Verlag, Heidelberg 2006

[19] http://www-materials.eng.cam.ac.uk/mpsite/interactive_charts/stiffness-
      density/NS6Chart.html

Werkstoffe für Energie

3

Zusammenfassung

Die größten Herausforderungen für Materialwissenschaft und Werkstofftechnik liegen derzeit im Bereich der Energie. Gesucht sind Werkstoffe, mit deren Hilfe man Energie effizient umwandeln, leiten und speichern kann.

Im Lauf der Jahrhunderte wurden für neue Methoden der Energiegewinnung, -umwandlung und -nutzung immer mehr verschiedene chemische Elemente und damit auch Werkstoffe eingesetzt (Abb. 3.1). Angefangen hat es mit Kohlenstoff (zunächst in Form von Holz, später auch als Kohle). Steine (mit dem chemischen Element Kalzium als wesentlichem Bestandteil) und Eisen spielten als Baumaterial eine Rolle. Mit der industriellen Revolution dehnte sich das Inventar aus auf Metalle wie Kupfer und Zinn (als Werkstoff für Maschinen und Instrumente), Blei (Gasleitungen) sowie Chrom und Mangan als Stahlzuschläge. Die Nutzung weitete sich auf immer mehr Elemente aus. In einer umgekehrten Perspektive lässt sich erkennen, dass bestimmte Elemente nur für einzelne Anwendungen eingesetzt werden (z. B. Chrom für Edelstahl, Indium in Flachbildschirmen, Rhodium im Abgaskatalysator), während Kupfer oder Lithium wahre Multitalente sind [20].

M.-D. Weitze, C. Berger, *Werkstoffe*, Technik im Fokus,
DOI 10.1007/978-3-642-29541-6_3, © Springer-Verlag Berlin Heidelberg 2013

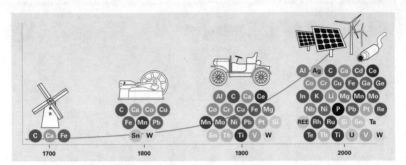

Abb. 3.1 Chemische Elemente, die im Lauf der Jahrhunderte für die Energieversorgung eine Rolle spielten und spielen. (Bildrechte: Achzet/Reller/Zepf, Universität Augsburg)

3.1 Energie umwandeln

3.1.1 Hochtemperatur-Werkstoffe

Seit der Entdeckung des Feuers in der Steinzeit vor vielen tausend Jahren sorgt immer derselbe Prozess zur „Energiegewinnung": Organische Verbindungen wie Holz, Kohle oder Erdöl werden in Brand gesetzt, wandeln sich mit Sauerstoff in entsprechende Oxide um und erzeugen dabei Wärme. Diese Wärme wird genutzt zum Kochen, in Motoren zur Fortbewegung oder in Kraftwerken zur Stromerzeugung.

Trotz aller erneuerbarer Energien: konventionelle Kraftwerke, die Erdgas oder Kohle verbrennen, muss es auf absehbare Zeit auch weiterhin geben, um Stromschwankungen schnell auszugleichen und ein Zusammenbrechen des Stromverteilernetzes zu verhindern. Ziel ist es, diese Prozesse möglichst effizient zu gestalten, also den Wirkungsgrad der Umwandlung zu erhöhen und damit den Brennstoffeinsatz und den Kohlendioxid-Ausstoß möglichst gering zu halten.

Konventionelle Dampfkraftwerke weisen (je nach Brennstoff und Kraftwerkskonzept) einen Wirkungsgrad von typischerweise 40 Prozent auf. In Kombination von Dampf- und Gasturbinen können heute Wirkungsgrade von über 60 Prozent erzielt werden. Der Wirkungsgrad steigt generell mit der Temperatur. Für eine Dampftemperatur in Kessel und

Turbine von über 600 Grad braucht man Werkstoffe mit entsprechenden Eigenschaften. Dabei ist eine enge Zusammenarbeit notwendig zwischen dem Kraftwerksbetreiber, der die Anforderungen an die Anlage definiert, dem Anlagenbauer, der daraus die geforderten Eigenschaften an die Werkstoffe ableitet und die Bauteile entsprechend konstruiert, und letztlich dem Stahlhersteller, der Werkstoffe mit den entsprechenden Eigenschaften zur Verfügung stellt. Viel Aufwand wird getrieben, metallische Werkstoffe mit ausreichender Langzeitfestigkeit bei hohen Temperaturen zu entwickeln.

Werkstoffentwicklungen dauern bis zu zehn Jahre lang

Für die Entwicklung von Hochtemperatur-Werkstoffen mit besseren Eigenschaften (z. B. mit einer höheren Zeitstandfestigkeit bei einer höheren Beanspruchungstemperatur) werden aus dem bekannten Wissen über die Wirkung der Legierungselemente Konzepte für die chemische Zusammensetzung von Versuchsschmelzen entwickelt. Oft arbeite man mit mehreren Schmelzen mit geringen Variationen der Legierungselemente, um eine optimale Legierungszusammensetzung entsprechend den Anforderungen zu finden. Diese Schmelzen werden im Labormaßstab gegossen, geschmiedet, wärmebehandelt und dann geteilt, um Versuchsproben herzustellen und zu prüfen: Festigkeit, Verformungsfähigkeit, Zähigkeit und Langzeiteigenschaften bei den künftigen Betriebstemperaturen werden in aufwändigen Versuchen bestimmt. Für das Zeitstandverhalten bewertbare Ergebnisse liegen allerdings erst nach frühsten 10.000 Stunden Versuchszeit (d. h. nach mehr als einem Jahr!) vor.

Aus der „besten" Legierung wird dann eine größere Schmelze hergestellt, um eine größere Menge an Versuchs-Werkstoff zu haben. Nun müssen nämlich auch die anderen für die Bauteilauslegung wichtigen Langzeiteigenschaften unter statischer und schwingender Beanspruchung ermittelt werden.

Bestätigen sich die erwarteten besseren Eigenschaften, erfolgt die nächste Erprobungsstufe: Dazu gehört die großtechnische Herstellung von Pilotbauteilen im Stahlwerk und in der Gießerei (wie zum Beispiel eine Turbinenwelle und das dazu gehörende Gehäuse); die Erprobung der Schmiedbarkeit, die Wärmebehandlung der Bauteile zur Einstellung bestimmter Eigenschaften; schließlich die Verarbeitung, insbesondere das Schweißen von Kesselrohren. Wieder werden die kurz- und langzeitigen Eigenschaften erprobt um zu überprüfen, ob sich die Erwartungen aus den Versuchsschmelzen bestätigen. Erst nach einer intensiven Bewertung aller Ergebnisse erfolgt die Freigabe zur technischen Umsetzung und zum Einsatz der neuentwickelten Werkstoffe für die entsprechenden Bauteile.

Solch eine Entwicklung braucht von der Idee bis zur Umsetzung oftmals zehn Jahre. Bei Werkstoffen für hochbeanspruchte Bauteile, die bis zu 30 Jahre im Betrieb sein können, läuft die Überprüfung der Eigenschaften parallel weiter, so dass langzeitige Versuche das Bauteil begleiten und charakterisieren. So gewinnt man auch wertvolles Wissen über die Veränderungen, die im Werkstoff infolge langzeitiger thermischer und mechanischer Beanspruchung vorgehen.

Mit diesem Wissen ist es auch möglich, die Mechanismen der Werkstoffveränderungen mit Computer- Programmen zu erfassen und daraus Simulationsmethoden zu entwickeln, die für ähnliche Entwicklungen verwendet werden können und damit den Entwicklungsprozess beschleunigen helfen.

Die Temperaturbeständigkeit ließ sich durch Veränderung der Legierungsbestandteile im Stahl stetig erhöhen. Dabei werden das Materialgefüge und seine Stabilität wesentlich durch geringe Gehalte an Stickstoff, Vanadium, Niob und Bor verbessert (Abb. 3.2).

Bis 630 Grad erzielt man heute mit 9 bis 12 Prozent Chrom-Molybdän-Wolfram-Vanadium-Stählen gute Eigenschaften wie Festigkeit, Korrosionsbeständigkeit und Verarbeitbarkeit. Das Zeitstandverhalten ist eine Zielgröße im Hochtemperaturbereich; damit wird die Veränderung der Festigkeit und damit des Werkstoffgefüges über den Zeitraum des geplanten Kraftwerksbetriebs (bis zu 30 Jahre) charakterisiert. Davon hängt die konstruktive Ausführung der Anlage ab, also der Auslegung der Hochtemperaturbeanspruchten Bauteile wie z. B. die Wellen, Gehäuse, Ventile, Schaufeln und Schrauben sowie die Dampferzeuger-Kesselrohre.

Bei Temperaturen ab 630 Grad sieht man die Grenzen von Stahllegierungen (Austenit ab 700 Grad) erreicht: Die Eisen-Kohlenstoff-Legierungen werden bei langzeitiger Temperaturbeanspruchung zu weich und die Funktionalität der Bauteile ist nicht mehr gewährleistet. Oberhalb

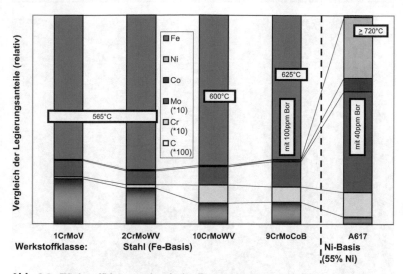

Abb. 3.2 Werkstoffklassen, chemische Zusammensetzung und Temperatureinsatzgrenzen in Dampfturbinen heutiger Bauart. (Bildrechte: Siemens AG)

700 Grad nutzt man Legierungen auf Nickel- oder Kobaltbasis mit Titan, Aluminium, Bor und Seltenen Erden (z. B. Hafnium, Yttrium, Rhenium, Iridium) als weitere Legierungsbestandteile. Diese Legierungen ermöglichen Langzeitfestigkeit auch bei derart hohen Temperaturen.

Beispiel

Legierungen wie „Nicrofer 5520 occ" sind in ihrer Zusammensetzung auf hohe Festigkeit und Duktilität bei hohen Temperaturen optimiert. Diese Legierung wird im Vakuum erschmolzen, damit sich keine unerwünschten Beimengungen aus der Luft darin lösen. Exakt definierte Mengen an Bor, Kohlenstoff und Molybdän sind Voraussetzung für die Eigenschaften.

Stahl stellt bei hohen Temperaturen aber durchaus noch den „Anschlusswerkstoff" in den Anlagen dar, wird also eingesetzt, wo die Bauteiltemperaturen unter 630 Grad liegen. Dieser Werkstoff ist deutlich

Abb. 3.3 Diese im bayerischen Kraftwerk Irsching 4 als Antriebsaggregat eingesetzte Gasturbine mit einem Wirkungsgrad von über 60 Prozent ist die größte der Welt und besteht bei einer Gesamtmasse von 444 Tonnen zu 95 Prozent aus geschmiedeten und gegossenen Bauteilen aus Stahl. Die Turbine arbeitet mit einer Drehzahl von 3000 Umdrehungen in der Minute und Gastemperaturen von bis zu 1500 Grad Celsius [21]. (Bildrechte: Stahl-Informations-Zentrum/Siemens AG)

kostengünstiger, lässt sich leichter herstellen und verarbeiten, insbesondere bei großen Bauteilen.

Noch deutlich höhere Temperaturen als in Dampfturbinen treten in stationären Gasturbinen auf (Abb. 3.3). Hier werden die heißen Verbrennungsgase, die durch Zumischung von Verdichterluft auf eine Temperatur von heute maximal 1500 Grad begrenzt werden, in der Turbine entspannt. Da diese Temperatur aber immer noch weit über der maximalen Einsatztemperatur heute verfügbarer Werkstoffe liegt, müssen Turbinenwelle, Schaufeln und weitere Bauteile in den heißen Stufen der Turbine mit Verdichterluft gekühlt werden. Zusätzlich enthalten die vorderen Schaufeln der modernen Gasturbinen eine keramische Wärmedämmschicht: Bereits eine 300 Mikrometer dünne Keramikschicht auf einer 100 Mikrometer dicken Haftschicht kann zusammen mit einer speziell ausgelegten Schaufelkühlung (sie besteht aus einer Innenkühlung und einer sogenannten Filmkühlung, bei der Luft aus dünnen Düsen über die Schaufeln bläst) den Wärmedurchgang derart herabsetzen, dass beispielsweise die Metall-Oberflächentemperatur an den Schaufeln in der ersten Reihe auf etwa 900 bis 930 Grad herabgesetzt wird.

3.1.2 Brennstoffzellen

Statt der direkten Verbrennung, wie sie seit der Steinzeit genutzt wird, gibt es heute auch direkte Verfahren der Umwandlung chemischer Energie in Strom: So erzeugt die Brennstoffzelle elektrische Energie durch eine kontrollierte chemische Reaktion von Wasserstoff und Sauerstoff. An der Anode wird Wasserstoff eingeleitet (dieser wird katalytisch zu Wasserstoffionen oxidiert, wobei Elektronen frei gesetzt werden), und an der Kathode wird Sauerstoff eingeleitet, der Elektronen aufnimmt und damit reduziert wird (Abb. 3.4).

Damit die chemischen Reaktionen rasch ablaufen, sind die Elektroden mit Katalysatoren (Platin-Nano-Partikel, die auf Kohlenstoffträger abgeschieden wurden) beschichtet. Zwischen den Elektroden liegt, je nach Bauart, beispielsweise eine Polymer-Membran, die nur Wasserstoffionen durchlässt. Die Wasserstoffionen vereinigen sich mit den Sauerstoffionen zu Wasser.

Außerhalb der Zelle können die Elektronen als elektrischer Strom fließen. Statt Wasserstoff lassen sich auch andere Kraftstoffe verwenden, zum Beispiel Methanol.

3.1.3 Windenergie

Windenergieanlagen sind hoch beansprucht. Hier werden Werkstoffe gebraucht, die hochfest sind, beständig gegen Korrosion und – in den Rotorblättern – eine möglichst geringe Dichte aufweisen. Durch die Umdrehungen der Rotorblätter entstehen Schwingungen, die über tausend Milliarden Mal auftreten und damit den Werkstoff ermüden. So kann es im ungünstigen Fall zu Schädigung wie Rissbildung bis hin zum Versagen kommen. Eine hohe Ermüdungsfestigkeit muss einen wartungsfreien Betrieb über viele Jahre erlauben.

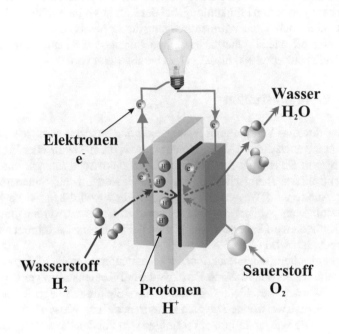

Abb. 3.4 Schema einer Brennstoffzelle mit Polyelektrolytmembran (Bildrechte: © Bogdanoff/Helmholtz-Zentrum Berlin für Materialien und Energie)

Die Leistungssteigerung (Abb. 3.5) führt zu immer größeren Rotorblättern und damit einer weiteren Belastungssteigerung der gesamten Anlage. Heute werden bis zu 75 Meter lange Flügel eingesetzt (Abb. 3.6). Solche Rotorblätter bestehen hauptsächlich aus glasfaserverstärktem Kunststoff („Fiberglas") mit einer speziellen Beschichtung. Die Flügel sind mechanisch robust, weisen eine hohe Bruchdehnung und elastische Energieaufnahme auf. Während seiner Lebensdauer von etwa 20 Jahren hält der Flügel sogar orkanartige Winde aus, ohne neu ausgerichtet oder nachgebessert werden zu müssen.

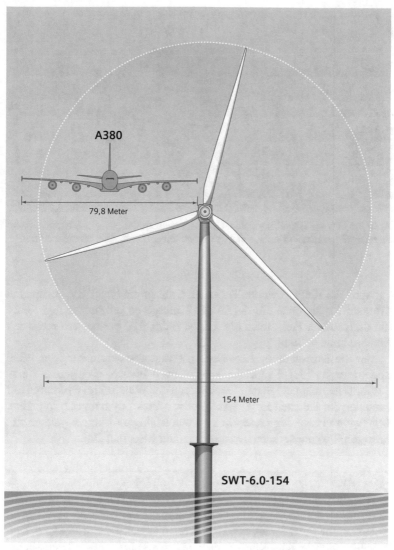

Abb. 3.5 In den vergangenen 25 Jahren wurde die Leistung und Größe bei Wind-kraftanlagen deutlich gesteigert: Von rund 100 Kilowatt Leistung bei Rotorblattlängen von 13 Meter verfügen heutige Anlagen über Rotorblattlängen von bis zu 75 Meter Länge und bringen Leistungen von 6000 Kilowatt. (Bildrechte: Siemens AG)

Abb. 3.6 Dieses B75 Rotorblatt ist die weltweit größte aus glasfaserverstärktem Kunststoff hergestellte Komponente aus einem Guss. (Bildrechte: Siemens AG)

Auch die Haltbarkeit des Turms im Untergrund hängt von geeigneten Werkstoffen ab, etwa ein tief in den Untergrund reichender Pfahl oder ein dreibeiniger Fuß. Solch ein Tripod (Abb. 3.7) besteht aus mehreren hundert Tonnen Stahl.

Für die Umwandlung der (Dreh-)Bewegungsenergie der vom Wind angetriebenen Flügel in elektrischen Strom braucht es Magnet-Werkstoffe. Dauermagnete in den Generatoren der Windturbinen basieren auf Metallen der Seltenen Erden wie Neodym, Praseodym und Dysprosium. Mit ihnen lassen sich wesentlich leistungsfähigere Magnetsysteme mit besseren Wirkungsgraden herstellen als mit Eisenmetallen.

Rohstoffengpass bei Metallen der Seltenen Erden?

Metalle der Seltenen Erden wie z. B. Neodym, die u. a. als Materialien für starke Permanentmagnete gebraucht werden, sind gar nicht so selten. Ihr Vorkommen in der Erdkruste ist vergleichbar anderen Metallen wie Blei oder Kupfer, nur sind erst wenige größere Lagerstätten bekannt. Und die Weltproduktion hat sich stark auf China konzentriert (im Jahr 2011 um 97 Prozent), so dass bei stark wachsender Nachfrage ein Rohstoffengpass entstehen kann.

Abb. 3.7 Tripods aus Stahl sorgen für die Verankerung von Offshore-Windenergie-anlagen. (Bildrechte: Stiftung Offshore Windenergie/Multibrid 2008)

Für eine Windenergieanlage rechnet man je 1 Megawatt Leistung etwa 200 Kilogramm Neodym, für ein Elektroauto etwa 1 Kilogramm [22].

3.1.4 Photovoltaik

Die Sonne spendet 15.000 mal mehr Energie, als die gesamte Menschheit gegenwärtig verbraucht. Sie sollte also zur langfristigen Sicherung der Energieversorgung ohne weitere CO_2-Emissionen beitragen können. So groß das Potenzial für die Nutzung der Sonnenenergie ist, so groß sind bis heute aber die damit verbundenen wissenschaftlich-technischen Fragestellungen. Photovoltaik gilt als besonders teure regenerative Energie.

Mit Halbleitern lässt sich Licht in elektrischen Strom wandeln (Abb. 3.8). Die Siliziumplättchen einer Solarzelle bestehen typischerweise aus zwei Siliziumschichten, zwischen denen sich aufgrund

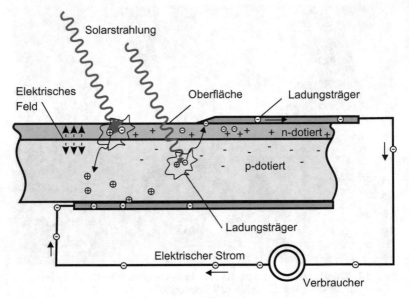

Abb. 3.8 Aufbau einer Solarzelle mit p-n-Übergang. (Bildrechte: Springer)

unterschiedlicher Dotierung (dies sind kleine Zugaben von Elementen wie Bor oder Phosphor) ein elektrisches Feld aufbaut. Wird Licht von der Zelle absorbiert und wandern die dadurch erzeugten Ladungsträger (ein sogenanntes Elektron-Loch-Paar) zum p-n-Übergang, wo sie durch das elektrische Feld getrennt und auf unterschiedliche Seiten des Plättchens gezogen werden. Die Spannung kann dann an der Außenseite durch Metallelektroden abgegriffen werden.

In *Solarzellen* kommen drei verschiedene Siliziumarten zum Einsatz: Einkristallin, polykristallin und amorph. Einkristalline Zellen sind heute die hochwertigste und teuerste Siliziumart; sie entstehen wie die Wafer für die Chipherstellung (siehe Abschn. 4.1.1), und tatsächlich entstehen bis heute Solarzellen aus den „Abfällen" der Mikroelektronik, weil die Reinheitsanforderungen nicht so hoch sind. Polykristalline Zellen sind günstiger – Silizium wird hier einfach geschmolzen und in Blockform

gegossen –, haben aber meist einen geringeren Wirkungsgrad als einkristalline Zellen.

Amorphe Zellen schließlich finden in Form sogenannter Dünnschichtzellen Anwendung an Fassaden, Uhren und Taschenrechnern. Da bei
Solarzellen das Licht bereits in einer dünnen Oberflächenschicht von etwa 10 Mikrometer absorbiert wird, liegt es nahe, Solarzellen sehr dünn
zu fertigen. Verglichen mit kristallinen Solarzellen aus Siliziumwafern
sind Dünnschichtzellen etwa 100 mal dünner. Zu ihrer Herstellung wird
eine Siliziumschicht aus der Gasphase auf ein Trägermaterial wie Glas
aufgetragen. Der Wirkungsgrad von Dünnschichtmodulen ist geringer
als derjenige kristalliner Solarzellen, ihre Herstellungskosten dafür sehr
günstig.

Neben diesen Silizium-basierten Zellen werden Solarzellen auch auf
Basis anderer Materialien erforscht. So bezeichnet die *„Organische
Photovoltaik"* Stromerzeugung durch Solarzellen mit organischen Molekülen oder auch Polymeren. Zur Herstellung der Solarzellen werden
die organischen Moleküle im Vakuum auf ein transparentes leitfähiges
Substrat aufgedampft. Die so entstehende organische Absorberschicht
besteht aus einem Elektronen-Akzeptor und einem Elektronen-Donor.
Lichtabsorption, Ladungstrennung und Ladungstransport sind auch hier
die Schritte zur Umsetzung von Licht in elektrischen Strom.

Auch die sogenannten *Farbstoff-Solarzellen* basieren teilweise auf
organischen Stoffen. Diese Solarzellen wandeln Sonnenlicht mit Hilfe eines Farbstoffs in elektrische Energie um. Zwei dünne, leitfähige
Glasplatten dienen als Elektroden. Auf einer Elektrode ist eine etwa
10 Mikrometer dünne Schicht aus Titandioxid aufgebracht, die mit feinen Kanälen durchsetzt ist. Diese poröse Schicht mit großer Oberfläche
ist mit dem Farbstoff beschichtet. Werden die Farbstoffmoleküle durch
Licht angeregt, geben sie Elektronen ab, die durch das Titandioxid zur
Elektrode gelangen.

Diese Solarzellen können teilweise transparent gemacht werden. Je
nachdem, welcher Farbstoff gewählt wird, haben sie eine unterschiedliche Färbung. Sie können aber auch komplett farblos sein, wenn sie mit
einem Farbstoff hergestellt werden, der nur Licht im infraroten und im
ultravioletten Bereich absorbiert. Das macht stromerzeugende Fenster
möglich. Ein Hauptproblem der organischen Photovoltaik ist die man-
gelnde Stabilität der eingesetzten Stoffe.

Beispiel

Die Herstellung einer **Farbstoff-Solarzelle** gelingt bereits mit einer schulüblichen Chemielabor-Ausstattung. Umso bemerkenswerter, dass Michael Grätzel, der diese Solarzellen in den 1990er Jahren erfunden hat, im Jahr 2010 dafür mit dem Millennium-Technology-Prize ausgezeichnet wurde. (Dieser Preis wird von der finnischen Technikakademie vergeben und ist als einer der höchsten Preise der Welt dem Nobelpreis vergleichbar.)

Michael Grätzel nahm sich den Prozess der Photosynthese der Pflanzen zum Vorbild, bei dem der Farbstoff Chlorophyll unter Sonneneinstrahlung Wasser spaltet. Die Solarzelle wandelt die Sonnenenergie direkt in Strom um. Welcher Farbstoff tatsächlich verwendet wird – der Blattfarbstoff Chlorophyll oder Anthocyane, das sind wasserlösliche Pflanzenfarbstoffe in Blüten und Früchten mit roter, violetter oder blauschwarzer Färbung –, und ob er aus Beerensaft, Fruchtsaft oder Blütenextrakten gewonnen wird, spielt keine große Rolle.

Im Vergleich zu Silizium-Solarzellen lassen sich Solarzellen auf der Basis von organischen Molekülen, Polymeren oder Farbstoffen einfacher und kostengünstiger herstellen. Neuartige Möglichkeiten ergeben sich auch in Anwendung und Design (Abb. 3.9).

3.2 Energie sparen

Die beste Energiequelle heißt Energie sparen! Diese „Energiequelle" wird beispielsweise dann genutzt, wenn die Effizienz von Umwandlungsprozessen erhöht wird (siehe Abschn. 3.1) oder Leichtbau im Fahrzeugbau zur Anwendung kommt (siehe Abschn. 5.2.1).

3.2.1 Dämmstoffe

Privathaushalte stecken mehr als die Hälfte ihres gesamten Endenergieverbrauchs in Heizwärme. Hier lässt sich viel sparen, indem Ge-

Abb. 3.9 Aufgrund der robusten und leichten Solarfolien, sowie der möglichen Transparenz, eignet sich Organische Photovoltaik beispielsweise für die Integration in Auto-Glasdächer. (Bildrechte: Heliatek)

bäude gedämmt werden. Anhand von Dämmstoffen lassen sich die für Werkstoffe typischen konkurrierenden Merkmale erkennen: Wärmedurchgang, Preis, Verfügbarkeit, Lebensdauer, Umweltverträglichkeit oder Verhalten im Brandfall.

Während Mauerwerk und Beton kaum isolieren, können Materialien, die Luft oder andere Gase in kleinen Hohlräumen enthalten, gut dämmen. Die Wärmeleitfähigkeit der enthaltenen Gase hängt von den Eigenschaften der Gase sowie der Porengrößen ab. Je kleiner und zahlreicher die Poren, umso besser (Abb. 3.10): Die Gasmoleküle haben dann weniger Bewegungsfreiheit, stoßen seltener aneinander, und die Wärme wird schlecht geleitet.

Als Dämmstoffe für Hausfassaden werden beispielsweise Polyurethan-Schaumstoffe verwendet. Um die Dämmwirkung zu erhöhen (auf etwa das Doppelte), wird das Polyurethan mit Gasen aufgeschäumt, die aus größeren Molekülen als diejenigen der Luft bestehen. Früher hat man

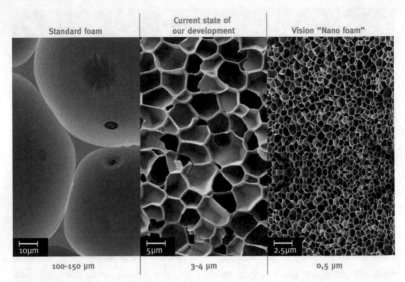

Abb. 3.10 Je kleiner die Poren, umso besser: Die Entwicklung geht hin zu besonders gut wärmedämmenden Nano-Schäumen mit Porengrößen von weniger als 150 Nanometern Durchmesser. (Bildrechte: Bayer MaterialScience)

hier häufig Fluor-Chlor-Kohlenwasserstoffe (*FCKW*) verwendet, die sich jedoch als umweltschädlich erwiesen haben (sie sind verantwortlich für den Abbau der Ozonschicht in der Stratosphäre). Heute verwendet man als Gas Pentan oder Kohlendioxid.

3.2.2 Transport: Stromleitungen

Ohne Stromleitungen keine flächendeckende Energieversorgung. Kupfer und Aluminium sind Materialien, die den Strom mit einem vergleichsweise geringen Widerstand leiten (siehe Abschn. 4.1.5). Allerdings sind die Übertragungsverluste mit sechs Prozent bedeutend. Ein Kupferkabel leitet Strom, setzt diesem jedoch einen gewissen Widerstand entgegen. Man stellt sich vor, dass die Elektronen auf ihrem Weg durch das Kabel immer wieder mit Kupferatomen zusammen stoßen; ein Teil des Stroms wird in Wärme umgewandelt. Seit Beginn des 20. Jahrhunderts kennt man aber Materialien, die den elektrischen Strom ohne Widerstand, also verlustfrei leiten. Seitdem hat man die Idee, mit entsprechenden Kabeln den elektrischen Strom verlustfrei über hunderte von Kilometern zu transportieren.

Die Elektronen bewegen sich paarweise durch den Leiter, man spricht auch von einer kohärenten Welle, und diese wird durch Hindernisse nicht beeinflusst. Allerdings ist dieser Effekt der *Supraleitung* nur bei sehr tiefen Temperaturen wirksam: Quecksilber etwa wird unterhalb 4 Kelvin (minus 269 Grad Celsius) supraleitend. Im Lauf der Jahrzehnte fand man metallische Supraleiter, die auf „nur" 23 Kelvin (minus 250 Grad Celsius) gekühlt werden müssen, doch auch diese Temperaturen erreicht man bis heute nur mit hohem Aufwand.

In den 1980er Jahren gab es einen deutlichen Sprung nach vorne: Georg Bednorz und Alex Müller fanden in keramischen Oxiden eine neue Klasse von Supraleitern. Die ersten hier entdeckten Verbindungen mussten zwar auch noch auf 35 Kelvin (minus 238 Grad Celsius) gekühlt werden. Aber in den Folgejahren fand man unter den keramischen Oxiden *Hochtemperatur-Supraleiter*, deren Sprungtemperatur über 77 Kelvin (minus 196 Grad Celsius) lag. Dies ist die Temperatur flüssigen Stickstoffs, und nach Überschreiten dieser Grenze war die Kühlung wesentlich leichter. Wie groß die Aufregung in den 1980er Jahren war, wird durch die Tatsache deutlich, dass gleich im Jahr 1987, nur ein Jahr nach ihrer Entdeckung der Physik-Nobelpreis an Bednorz und Müller verliehen wurde.

Das ist nun 25 Jahre her, doch bis heute beschränken sich die realisierten Anwendungen auf Messtechnik und die Erzeugung großer Magnetfelder für Spezialanwendungen. Bis heute haben supraleitende Kabel den Sprung aus dem Labor in die Stromnetze nicht geschafft. Es gibt nur einzelne Prototypen, deren Herstellung sich als sehr teuer erweist. Die Anwendung verlustfreien Energietransports in der Energietechnik etwa krankt schon daran, dass man es bei diesen Supraleitern nicht mit Metallen zu tun hat, sondern mit pulvriger Keramik, die ganz anders zu verarbeiten ist. Zusätzlich tritt das grundsätzliche Problem auf, dass nur begrenzte Stromstärken durch Supraleiter geschickt werden können.

Abb. 3.11 Der Aufbau eines Supraleiterkabels ähnelt dem eines konventionellen Kabels. Zusätzlich oder anstatt des Leitermaterials werden supraleitende Drähte oder Bänder verarbeitet. Ein Kabelkryostat isoliert die kalte Kabelseele thermisch von der Umgebung und wird mit flüssigem Stickstoff gekühlt. (Bildrechte: Nexans Deutschland GmbH)

Draht aus Keramik

Die Herstellung von Drähten aus Keramik geschah zunächst wie folgt: Das Ausgangsmaterial – ein feines Keramikpulver – wird in ein metallisches Rohr (meist aus Silber) gefüllt und zu einem dünnen Draht gezogen. Anschließend bündelte man die dünnen Drähte und zog sie zu sogenannten Multifilamenten. Beim mehrstufigen Glühen und Walzen bildete sich die supraleitende Struktur. Allerdings bestanden diese Leiter zu etwa 60 Prozent aus teurem Silber und nur zu 40 Prozent aus supraleitendem Material. Heute setzt man auf dünne Schichten statt auf feine Filamente: Dabei wird auf ein flexibles Metallband, meist auf Nickel-Chrom-Basis, eine mikrometerdünne Supraleiterschicht abgeschieden und anschließend mit einer Schutzschicht umgeben (Abb. 3.11).

Mithin ist die Entdeckung der Hochtemperatur-Supraleitung ein Beispiel dafür, wie „Durchbrüche" eigentlich erst der Auftakt einer langen Entwicklung sind. Doch man hofft noch immer, mit Supraleitung die Netzverluste zu minimieren, Umweltverträglichkeit, Versorgungssicherheit und Wirtschaftlich gleichermaßen zu erzielen.

3.2.3 Lampen

Ob Sonne, Lagerfeuer, brennende Kerze oder der Draht einer Glühlampe: Lange Zeit kannte man als Lichtquellen nur solche, die die Energie für die Strahlungsemission aus der thermischen Bewegung ihrer Teilchen bezogen, also nur durch Hitze leuchten. Während etwa eine Glühbirne nur fünf Prozent des Stroms in Licht umwandelt und den Rest in Wärme, sind nicht-thermische Strahler wie Gasentladungsröhren oder LED (Light Emitting Diode, Leuchtdiode, siehe Abschn. 4.3.2) deutlich sparsamer. Die Entwicklung dieser Lampen basierte wesentlich auf neuen Werkstoffentwicklungen.

Leuchtstofflampen haben eine hohe Lichtausbeute (Verglichen mit einer Glühlampe wird zur Lichterzeugung nur etwa ein Fünftel der elektrischen Energie benötigt) und lange Lebensdauer (bis zu einigen zehntausend Stunden, gegenüber 1000 Stunden bei einer Glühlampe). Daher sind sie in Europa heute die am häufigsten genutzten künstlichen Lichtquellen. Beim Elektronenfluss durch den Lampenkolben werden darin Quecksilberatome angeregt. Diese senden ihrerseits UV-Strahlung aus, die dann vom Leuchtstoff an der Innenseite des Lampenkolbens in sichtbares Licht umgewandelt wird. Auch die als „Energiesparlampen" bekannten Kompaktleuchtstofflampen arbeiten nach diesem Prinzip. Das in den Lampenkolben enthaltene Quecksilber ist toxisch, doch eine Alternative wurde hier noch nicht gefunden.

Leuchtstoffe

sind anorganische, kristalline Stoffe (Oxide, Sulfide, Silikate), welche durch gezieltes Einbringen von Störstellen in die Kristallstruktur eine technisch verwertbare Lichtausbeute erbringen. Die Zusammensetzung des Leuchtstoffes beeinflusst Lichtfarbe und Farbwiedergabe. Es sind Reinheitsgrade der Ausgangsstoffe von bis zu 99,9999 Prozent erforderlich.

Das Dotierungselement bestimmt die Leuchtfarbe. Dotierung von Zinksulfid mit verschiedenen Elementen ergibt verschiedene Farbtöne, z. B. Mangan (orangerot), Silber (blau), Kupfer (grün), Lanthanoide (rot bis blau-grün).

Für eine hohe Lichtausbeute und gute Farbwiedergabeeigenschaften werden Mischungen verwendet, wie etwa Dreibandenleuchtstoffe:

Dabei strahlen drei Leuchtstoffe Licht in relativ eng begrenzten Spektralbereichen aus, die in der Mischung „weiß" ergeben.

3.2.4 Katalysatoren

Viel Energie wird in der chemischen Industrie umgesetzt. Katalysatoren sind Stoffe, die die Produktion dort effizienter machen. Sie helfen Energie und Rohstoffe zu sparen. Katalysatoren beschleunigen chemische Reaktionen, indem sie die Energie reduzieren, mit der fast jede chemische Umwandlung angeschoben werden muss. Ein Katalysator ist ein Stoff, der eine chemische Reaktion beschleunigt, ohne dabei verbraucht zu werden. Allerdings muss für jede einzelne Reaktion ein passender Reaktionsbeschleuniger gesucht werden.

Seit einhundert Jahren gibt es das Haber-Bosch-Verfahren zur industriellen Herstellung von Ammoniak (NH_3), den man wiederum zur Herstellung von Dünger und Sprengstoff benötigt: Bei mehreren hundert Grad Celsius und 200 bar Druck reagieren Stickstoff- (N_2) und Wasserstoffgas (H_2) in wirtschaftlicher Ausbeute miteinander – wenn ein Katalysator, der unter anderem Eisen enthält, zugegen ist. Nach diesem Verfahren wird mit 100 Millionen Tonnen der Großteil des jährlich produzierten Ammoniaks erzeugt. Für die Beschreibung, wie die Reaktionen an der Katalysatoroberfläche verlaufen (Abb. 3.12), hat Gerhard Ertl im Jahr 2007 den Chemie-Nobelpreis erhalten [23].

Die Stickstoff-Fixierung läuft freilich auch in der Natur ab und macht den Luftstickstoff für die Pflanzen nutzbar: Die Katalysatoren sind hier Enzyme, die Eisen- und Molybdän-Atome enthalten, den Stickstoff fixieren und in Eiweiße und Nukleinsäuren einbauen. In der Natur gelingt das bei Raumtemperatur und Normaldruck, also mit deutlich geringerem Energieaufwand als in der Industrie. Stickstoff-Fixierung bei solchen milden Bedingungen – eine technische Lösung dafür ist noch nicht bekannt.

3.3 Energie speichern

3.3.1 Batterien

Ob Mobiltelefon, Akku-Werkzeug oder Elektrofahrzeuge: Alle brauchen Batterien (bzw. Akkumulatoren, wie wiederaufladbare Batterien bezeich-

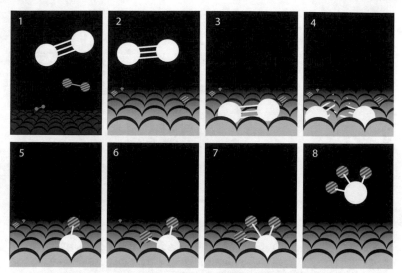

Abb. 3.12 Im Haber-Bosch-Verfahren reagiert Stickstoff (*weiß*) auf einer Eisenoberfläche mit Wasserstoff (*gestreift*) und bildet Ammoniakmoleküle, die sich von der Eisenoberfläche lösen. (Bildrechte: Royal Swedish Academy of Sciences)

net werden), um elektrische Energie zu speichern. Grundlage dazu sind elektrochemische Reaktionen, die an Elektroden stattfinden, welche wiederum aus geeigneten Materialien bestehen müssen. Viel Energie speichern, wenig Verluste, lange Lebensdauer und hohe Leistungsabgabe sind Kenngrößen, die für verschiedene Verwendungen relevant sind (Abb. 3.13).

▶ Die effiziente Energiespeicherung stellt derzeit die größte werkstofftechnische Herausforderung dar. Angesichts der deutlich zunehmenden, aber stark schwankenden Stromerzeugung aus erneuerbaren Energien ist hier ein Ausgleich von Angebot und Nachfrage über verschiedene Zeiträume hinweg notwendig.

Ebenso benötigen mobile Anwendungen Energiespeicher. Im Bereich der Elektromobilität ist es eine zentrale Herausforderung, Batterien zu entwickeln, deren Energiemenge und -dichte, Kosten und Lebensdauer zu den Anforderungen in Kraftfahrzeugen passen.

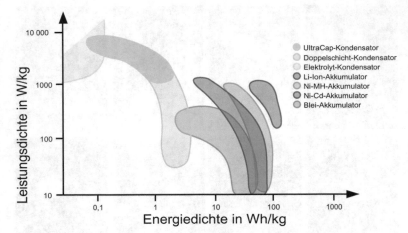

Abb. 3.13 Das Ragone-Diagramm gibt Energiedichte und Leistungsfähigkeit für verschiedene Batterietypen an. (Bildrechte: Wikipedia [http://upload.wikimedia.org/wikipedia/commons/c/cd/Energiespeicher2.svg])

Ein Beispiel ist die Quecksilber-Batterie (Abb. 3.14): Am Minuspol der Batterie, der als Anode wirkt, wird Zink in positiv geladene Zink-Ionen umgewandelt, wobei Elektronen frei werden. Am Pluspol, der als Kathode wirkt, wird aus einer Quecksilberverbindung unter Elektronenaufnahme metallisches Quecksilber. Die an der Anode frei werdenden Elektronen werden außerhalb der Batterie als elektrischer Strom geleitet und gelangen an der Kathode wieder in die Batterie hinein. Gleichzeitig bewegen sich innerhalb der Batterie Zinkionen von der Anode zur Kathode. Sind die Reaktionen an Anode und Kathode zum Stillstand gekommen, weil das Zink bzw. die Quecksilberverbindung verbraucht sind, liefert die Quecksilber-Batterie keinen Strom mehr. Bis heute findet sich diese Art von Batterien als flache „Knopfzellen" in Spielzeug und anderen kleinen Geräten mit geringem Strombedarf; wegen des giftigen Schwermetalls Quecksilber ist die nicht fachgerechte Entsorgung ein großes Problem für die Umwelt, so dass man von diesem Batterietyp abkommen möchte.

Wiederaufladbare Batterien basieren auf anderen elektrochemischen Reaktionen und anderem Elektrodenmaterial. So etwa die Lithium-

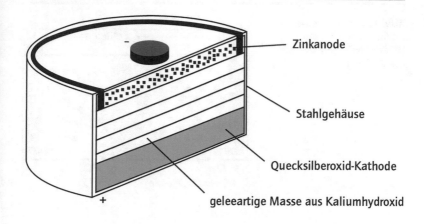

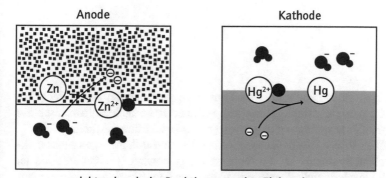

elektrochemische Reaktionen an den Elektroden

Abb. 3.14 Aufbau einer Quecksilber-Batterie (Bildrechte: acatech)

Ionen-Batterie (Abb. 3.15), die in so verschiedenen Bereichen wie Laptop, elektrischer Zahnbürste und Elektro-Mobilität Anwendung findet: Hier besteht die Elektrode aus löchrigen Strukturen, in die Ionen eingelagert werden können. Bei diesen Einlagerungsverbindungen handelt es sich um Graphit und bestimmte Metalloxide (z. B. Lithium-Kobalt-Oxid). Die Entladung beruht darauf, dass Lithium in Graphit schwächer gebunden ist als im Metalloxid. So bewegen sich die an der Graphit-Anode frei werdenden Lithium-Ionen durch den Elektrolyten innerhalb

Abb. 3.15 Aufbau einer
Lithium-Ionen-Batterie
(Bildrechte: Thin Film Tech-
nology, KIT)

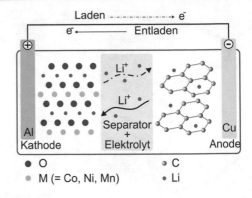

der Batterie zur Kathode. Dabei passieren sie einen Separator, der keine
Elektronen durchlässt. Diese müssen über einen äußeren Stromschluss
zur Kathode wandern und verrichten dabei elektrische Arbeit.

Zum Wieder-Aufladen werden die Ionen durch Anlegen einer elektrischen Spannung in die Gegenrichtung bewegt. Im Unterschied zu
anderen wiederaufladbaren Batterien, etwa dem Bleiakkumulator im Auto, in dem die gesamte Blei-Elektrode ab- und wieder aufgebaut wird und
daher nach einigen Ladezyklen unbrauchbar wird, kann dieser Zyklus,
bei dem lediglich bewegliche Ionen hinein- und herausbewegt werden,
besonders häufig durchgeführt werden.

Für Anwendungen wie die Elektromobilität ist die hohe Energiedichte entscheidend – schließlich ist der Fahrzeugraum beschränkt, und jedes
zusätzliche Batteriegewicht verbraucht mehr Antriebskraft. Lithium-
Ionen-Batterien besitzen eine etwa sechsmal höhere Energiedichte als
ein Blei-Akku, weil die Lithiumverbindungen leicht sind und zudem
günstige elektrochemische Eigenschaften aufweisen. Dennoch ist die
Reichweite dieser Fahrzeuge beschränkt, und viel Forschung und Entwicklung wird betrieben mit dem Ziel, bessere Batterien zu finden.

Ein wichtiger Ansatzpunkt für Forschung und Entwicklung ist der Separator, der einen direkten Kontakt der Elektroden miteinander verhindert. Derzeit häufig verwendete Separatoren sind dünne und poröse Kunststoffmembranen. Wenn diese beschädigt werden, kann in der Batterie ein Kurzschluss entstehen. Im Extremfall kann die Batterie aufgrund der hohen Energiedichte dann explodieren. Durch eine Beschichtung solcher Membranen mit keramischen Partikeln kann die Sicherheit stark erhöht werden [24].

3.3.2 Wasserstoff-Speicher

Wasserstoff ist ein Energieträger. Wasserstoff kann durch Elektrolyse aus Wasser (dabei entstehen Wasserstoff und Sauerstoff) erzeugt, anschließend transportiert oder gespeichert werden. Bei seiner Verbrennung zu Wasser wird Energie freigesetzt. Wasserstoff hat – bezogen auf die Masse – eine etwa dreimal so hohe Energiedichte wie Benzin. Wegen der geringen Dichte des Gases benötigt man freilich (bei Normalbedingungen) 4000 Liter, um so weit fahren zu können wie mit 1 Liter Benzin. Niemand möchte solch einen Ballon mit einem Durchmesser von zwei Metern auf dem Autodach hängen haben. Und so ist ein zentrales Problem der zukünftigen Wasserstoffwirtschaft, kompakte Speicher zu finden, die für den mobilen Einsatz tauglich und bezahlbar sind.

Die Wasserstoffmoleküle brauchen so viel Platz, weil sie sich abstoßen. Um das Volumen zu verringern, kann man das Gas komprimieren. Hier braucht es freilich Drücke von einigen hundert bar. Ein anderes physikalisches Verfahren zur Volumenreduktion – die Verflüssigung des Gases bei einer Temperatur von minus 253 Grad Celsius – verschlingt fast ein Drittel der Energie, die doch eigentlich transportiert werden soll. Und bei Lagerung können die Verluste durch Verdampfen schon nach einigen Tagen beträchtlich sein.

Wasserstoff lässt sich aber durch den Einbau in Metallgitter mitunter auf kleineren Raum bringen als durch Kompression oder Verflüssigung. Magnesiumhydrid ist solch eine kompakte Wasserstoffverbindung, in der je Kubikzentimeter etwa 0,13 Gramm Wasserstoff gespeichert sind. Diese Dichte lässt sich durch Komprimieren nicht erreichen, und auch flüssiger Wasserstoff ist mit 0,07 Gramm pro Kubikzentimeter nur halb so dicht. Gibt man die Speicherkapazität in Massenprozenten an (also als Anteil von Wasserstoff an der Gesamtmasse), beträgt sie bei Magnesiumhydrid rund 7 Prozent. Solche Werte gelten für den praktischen Einsatz als akzeptabel.

Es kommt aber nicht nur auf die Speicherkapazität an. Mobile Wasserstoffspeicher müssen den Wasserstoff gezielt wieder abgeben und in kurzer Zeit neu beladen werden können, damit man nicht länger als ein paar Minuten an der Tankstelle warten muss. Zum Aufladen braucht man erhöhten Druck (wenn auch längst nicht so hoch wie zur Komprimierung), und das Entladen wird durch Erwärmen gesteuert. Hier schneidet Magnesiumhydrid zwar schlecht ab, weil es den Wasserstoff zu fest hält und zur Wasserstoffabgabe sehr stark erwärmt werden muss. Aber die Vielfalt der Chemie bietet noch zahlreiche andere Wasserstoffverbindungen.

So gilt Natriumalanat (eine Verbindung aus Natrium, Aluminium und Wasserstoff) als Wasserstoffspeicher mit einer Kapazität um fünf Massenprozent als recht weit entwickelt. Bereits vor Jahren hat man erkannt, dass sich dieser Speicher durch Zugabe von Titan bei „milden" Bedingungen (100 bar, 100 Grad Celsius) rehydrieren, also wieder mit Wasserstoff aufladen lässt. In der Zwischenzeit hat man im Periodensystem noch bessere Zusätze als Titan entdeckt. So lässt sich Natriumalanat bei Dotierung mit dem Element Scandium rund zehnmal schneller wieder aufladen als die Titan-Variante. Zumal bei geringeren Drücken ist diese Verbesserung deutlich; Drücke von 50 bar gelten als ein Grenzwert für die Praxis, damit die Tanks nicht zu schwer werden und nicht zu viel Energie zum Komprimieren gebraucht wird. Auch Cer und Praseodym haben sich als nützliche Katalysatoren herausgestellt. Sie können zwar noch nicht ganz mit der Kapazität und den Ladezeiten bei Scandium mithalten, haben aber einen anderen Vorteil: Sie zeigen keinen „Memory-Effekt", durch den das Aufladen mit jedem Zyklus länger dauert [25].

Batterien oder Wasserstoffspeicher im Automobil: Der Wettlauf der Systeme wird vor allem durch Werkstoffe entschieden werden.

3.3.3   Latentwärmespeicher

Zum Schmelzen von Eis wird Wärme benötigt, beim Erstarren wird Wärme frei. Abhängig vom Material können durch solche „Phasenübergänge" unterschiedlich große Wärmemengen gespeichert oder freigesetzt. Bei Handwärmern wird zum Beispiel die beim Erstarren einer Natriumacetat-Lösung frei werdende Wärme genutzt (Natriumacetat ist ein Salz der Essigsäure). Dabei kann die Lösung deutlich unter ihren Erstarrungspunkt gekühlt werden. Die Kristallisation wird erst bei Bedarf ausgelöst, der Handwärmer wird dann etwa 58 Grad warm. Er kann in einem heißen Wasserbad wieder „aufgeladen" werden.

Wärmeregulation spielt auch in Gebäuden eine große Rolle: Für Klimaanlagen und Heizungen wird sehr viel Energie eingesetzt. Paraffin-

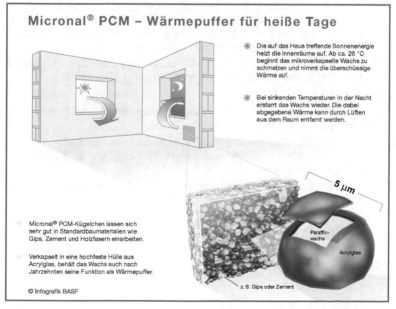

Abb. 3.16 Wachs in der Wand sorgt für Wohlfühlklima: Ein Latentwärmespeicher kann Temperaturspitzen im Haus wirksam abfangen. (Bildrechte: BASF SE)

wachse können hier als Latentwärmespeicher eine regulierende Funktion übernehmen. Die hier eingesetzten Wachse verflüssigen sich je nach Anwendung bei 23 oder 26 Grad Celsius. Die Länge der kettenförmigen Moleküle, aus denen das Wachs besteht, bestimmt den Schmelzpunkt. Die Wachse absorbieren aus der Umgebung große Wärmemengen und bremsen das weitere Aufheizen der Innenräume. Nachts, wenn es draußen kälter wird, wird die gebundene Wärme beim Erstarren des Wachses wieder frei. Für diese Anwendung werden mikroskopisch kleine Wachströpfchen in einer Kunststoffhülle in Putz oder Zement eingearbeitet (Abb. 3.16). Auf dem Markt gibt es bereits Porenbetonsteine, in die ein Latentwärmespeicher integriert ist.

Literatur

[20]   B. Achzet, A. Reller, V. Zepf (University of Augsburg), C. Rennie (BP), M. Ashfield, J. Simmons (ON Communication): Materials critical to the energy industry. An introduction (2011), http://www.physik.uni-augsburg.de/lehrstuehle/rst/downloads/Materials_Handbook_Rev_2012.pdf

[21]   B. Müller: Run auf Riesenrad (S. 50–52) und B. Gerl: Der Koloss von Irsching (S. 54–56), Pictures of the Future (Siemens Magazin), Herbst 2007.

[22]   B. Achzet et al., S. 44.

[23]   http://www.nobelprize.org/nobel_prizes/chemistry/laureates/2007/popular-chemistryprize2007.pdf

[24]   http://www.deutscher-zukunftspreis.de/nominierter/nanoschicht-mit-megaleistung-flexibler-keramikseparator-erm%C3%B6glicht-durchbruch-bei-gro%C3%9Fen?sec=0

[25]   F. Schüth: Mobile Wasserstoffspeicher mit Hydriden der leichten Elemente. Nachrichten aus der Chemie 54, 24–28 (2006).

Werkstoffe für Information und Kommunikation

4

Zusammenfassung

Die Informations- und Kommunikationstechnologien sind Antrieb für praktisch alle wesentlichen Neuerungen in Produktion und Dienstleistung. Viele Entwicklungen in der Elektronik, bei Speichern und Displays macht die Materialwissenschaft überhaupt erst möglich. Aber auch klassische Medien der Informations- und Kommunikationstechnologie wie Papier als Informationsspeicher und Kupferdraht als Transportweg für elektrischen Strom haben noch nicht ausgedient. Ob Supraleiter, Organische Halbleiter oder Graphen: Gerade in den vergangenen Jahren wurden mehrere Nobelpreise verliehen für die Entwicklung neuer Materialien in diesem Feld.

4.1 Elektronik

Mikroelektronik findet sich heute in allen Lebensbereichen wieder, zum Beispiel in Computer, Mobiltelefon und Fernseher. Maschinen und Fahrzeuge bis hin zur medizinischen Anwendung sind weitere Anwendungen für Elektroniksysteme. Mehr als 50 Prozent der Wertschöpfung in entsprechenden Produkten und Dienstleistungen gehen heute auf Elek-

M.-D. Weitze, C. Berger, *Werkstoffe*, Technik im Fokus,
DOI 10.1007/978-3-642-29541-6_4, © Springer-Verlag Berlin Heidelberg 2013

troniksysteme zurück, Tendenz: steigend. Im Automobil-Bereich z. B. sind Elektronik und Elektrik Treiber von etwa 80 Prozent aller Innovationen. Sie spielen eine nahezu unentbehrliche Rolle in einem modernen Fahrzeug – vom Komfort über die Sicherheit bis hin zu den Antrieben. Elektronik dient der Verarbeitung und Speicherung von Information. Computerchips als Komponenten der Elektronik werden immer kleiner und leisten dabei immer mehr. Der Transistor ist das Herzstück der Informationsverarbeitung im Computer. Es ist ein Schalter, der Strom fließen lässt oder ihn blockiert. Auf den Computerchips wird jeder Transistor wiederum von anderen Transistoren geschaltet – sehr komplex und verschachtelt kann dieses Netzwerk von Schaltern Information verarbeiten, und das auf kleinstem Raum in kürzester Zeit.

Transistoren bestehen heute in der Regel aus Silizium. Halbleiter wie Silizium sind in ihrer Leitfähigkeit durch von außen angelegte Ströme leicht beeinflussbar; schwächste Spannungen reichen, um sie als Schalter oder Verstärker zu nutzen. Neben Silizium finden freilich auch andere Elemente als Halbleiter Verwendung für Transistoren, und zwar Halbleiter wie Germanium oder auch organische Verbindungen. Mittlerweile arbeitet man auch mit einzelnen Atomen und Molekülen, um die Elektronik von morgen zu entwickeln.

4.1.1 Silizium-Halbleiter

Silizium-Elektronik hat den allergrößten Anteil an der Halbleiterindustrie. Wenn Werkstoffe meist bescheiden im Hintergrund von Innovationen stehen, ist es schon eine Besonderheit, dass ein ganzer Wirtschaftszweig – die Silizium-Elektronik – nach einem Material benannt wird. Und sogar der Landstrich in Kalifornien trägt den Namen des Elements, auf dessen Grundlage so viele Ideen in Innovationen gewandelt wurden: Silicon Valley. Die Geburtsstunde der Mikroelektronik fand allerdings noch ohne Silizium statt: der erste Transistor, vorgestellt im Jahr 1947, bestand aus Germanium. 1953/54 wurde dann der erste Silizium-Transistor vorgestellt, der den bis dahin dominierenden Germanium-Transistoren physikalisch und technologisch überlegen war: Silizium lässt sich leicht oxidieren, wodurch Isolatorschichten entstehen. Silizium-Einkristalle – Grundlage der Mikroelektronik – lassen sich leicht herstellen.

Ende der 1950er Jahre war man so weit, auf integrierte Schaltkreise auf Silizium-Basis neben Transistoren auch Dioden, Kondensatoren, Widerstände und Induktivitäten zu installieren – also alle Elemente, die man für elektronische Schaltungen benötigt. 1958 wurde bei Texas Instruments der erste Integrierte Schaltkreis (Integrated Circuit, IC) gefertigt. Von da an wurde rasch alles kleiner, schneller, billiger.

▶ Das **Mooresche Gesetz**, 1965 von Gordon Moore (Gründer der Firma Intel) aufgestellt, besagt, dass rund alle 18 Monate sich die Bauelementdichte und Leistungsfähigkeit Integrierter Schaltkreise in der Elektronik verdoppelt. 1972 passten 125 Transistoren auf einen Quadratmillimeter, heute sind es drei Millionen Transistoren auf der gleichen Fläche. Die kleinsten Transistoren haben bereits Abmessungen von nur 30 Nanometer. In den vergangenen 15 Jahren sind Rechenleistung und Speicherkapazität um das Tausendfache gestiegen.
Die Halbleiterstrukturen der *Mikroelektronik* werden seit Jahrzehnten immer kleiner. Dabei nimmt deren Leistung exponentiell zu, während die Kosten exponentiell abnehmen. Im Rahmen dieser Miniaturisierung geht die Mikroelektronik nun zur *Nanoelektronik* über, die durch Strukturierungen von weniger als 100 Nanometer gekennzeichnet ist. Das Mooresche Gesetz aber ist kein Naturgesetz und kein Selbstläufer, sondern es konnte sich nur auf der Basis von Werkstoffinnovationen und der Weiterentwicklung der Fertigungstechnologien erfüllen.

Aus einem einzigen Liter Quarzsand sowie minimalen Mengen an anderen Elementen entstehen heute mit den Technologien der Mikro- und Nanoelektronik elektronische Chips im Wert von einer Million Euro. Die Mikro- und Nanoelektronik bietet die höchste bekannte Wertschöpfung, trotz der für die Chipherstellung aufwändigen Anlagen und Verfahren.

Silizium ist das reinste im großindustriellen Maßstab hergestellte Material überhaupt. Ausgangsstoff ist Sand – Siliziumdioxid. Diesem wird durch chemische Umsetzung mit Kohle der Sauerstoff entzogen. Übrig bleibt Rohsilizium mit ca. 1 Prozent Verunreinigungen (Abb. 4.1). Im Laufe von mehreren aufeinander folgenden chemischen Reaktionen wird Rohsilizium zu Trichlorsilan ($SiHCl_3$) umgesetzt, in dieser Form

Abb. 4.1 Rohsilizium – der Stoff, aus dem die Chips hergestellt werden (Bildrechte: VDI-TZ)

durch Destillation gereinigt und am Ende in polykristalliner Form (also in kleinen ungeordneten Kristallen) als Reinstsilizium abgeschieden. Die Jahresproduktion an Reinstsilizium beträgt weltweit etwa 30.000 Tonnen. Kleinste Mengen an Kohlenstoff Bor und Eisen sind zwar immer noch enthalten. Pro einer Milliarde Siliziumatome weniger als ein Fremdatom als Verunreinigung enthalten sein.

Das polykristalline Silizium wird geschmolzen, um daraus schließlich einen zylinderförmigen Einkristall mit einem Durchmesser von bis zu 300 Nanometer zu erzeugen. Daraus werden mit Diamantsägen (es handelt sich um Drahtsägen, deren Drähte mit Diamantsplittern besetzt sind) dünne Scheiben (Wafer) gesägt, die nur 0,8 Millimeter stark sind. Die durch den Sägeprozess entstandenen oberflächennahen gestörten Kristallschichten werden durch Ätzen und nanometergenaues Polieren abgetragen. Sehr wichtig ist, dass die Waferoberfläche danach soweit wie möglich staubfrei bleibt, da jegliche Partikel die Chipfertigung stören würden. Anschließend werden Transistoren, Speicher und Verbindungen der entstehenden ICs (Integrated Curcuits) in hunderten von Prozessschritten mittels Photolithografie funktionalisiert. Schließlich zersägt man die Wafer in einzelne Chips, die dann getestet, in Gehäuse gepackt und kontaktiert werden.

▶ Seit dem Jahr 2004 werden mehr Transistoren hergestellt, als weltweit Reiskörner geerntet werden: Die Weltjahresproduktion von Reis liegt bei einer Größenordnung von 10^{16} Körnern (700 Millionen Tonnen Reis, wobei ein Reiskorn 0,016 Gramm wiegt). Transistoren werden heute in der Größenordnung von 10^{18} (einer Trillion, eine Eins mit 18 Nullen) gebaut.

Silizium ist leicht verfügbar, bestens geeignet für die beschriebenen Herstellungsprozesse und bringt die richtigen Eigenschaften mit. Mithin ein idealer Werkstoff für die Elektronik – wenn auch nicht der einzige.

4.1.2 Jenseits Silizium

Es ist keineswegs so, dass Silizium für alle denkbaren Zwecke das beste Halbleitermaterial darstellt. Beispielsweise muss man für den gesamten Bereich der Optoelektronik sogenannte Verbindungshalbleiter nutzen, weil Dioden aus Silizium nicht leuchten können (siehe unten).

Die umfassende Nutzung von Silizium ist in vielen Bereichen lediglich darauf zurückzuführen, dass es in höchster Qualität zu günstigen Preisen verfügbar ist. Für viele wichtige Anwendungen sind andere Halbleitermaterialien auf Grund ihrer physikalischen Eigenschaften dem Silizium überlegen. Generell gilt hier, dass Silizium nicht ersetzt werden wird, sondern durch andere Halbleitermaterialien in spezifischen Bereich ergänzt werden wird.

„More Moore": Dies bezeichnet die weitere Miniaturisierung von Schaltelementen mit Strukturgrößen von unterhalb 100 Nanometer bis hinunter zu den physikalischen Grenzen der Halbleiter-Technologie sowie die komplette Systemintegration auf dem Chip. Ermöglicht wird diese Miniaturisierung auch durch die Verwendung völlig neuer Materialien aus Elementen wie beispielsweise Strontium, Barium, Cer und Dysprosium.

„**More than Moore**": Dieser Zweig überschreitet die Grenzen konventioneller Halbleitertechnologie und stellt neue (auch nicht-digitale) Funktionen an die Stelle bisheriger Bauelemente. Es werden verschiedene Chips für bestimmte eingeschränkte Anwendungsbereiche kombiniert.

„**Beyond Moore**": Bauelemente und neue Konzepte, die einmal den Transistor als Schaltelement ablösen sollen, werden unter diesem Begriff zusammengefasst. Dazu gehört u. a. die Molekularelektronik.

So hat zum Beispiel der Halbleiter Siliziumcarbid (SiC) im Vergleich zu Silizium derart unterschiedliche physikalische Eigenschaften, dass er im Bereich der Hochtemperaturelektronik, der Leistungselektronik und der hohen Frequenzen ein großes Potenzial aufweist. Zwar ist die Herstellung entsprechender Wafer deutlich teurer, aber sie bieten enorme Vorteile bezüglich Leistungsdichte und thermischer Belastbarkeit.

Mit Silizium-Germanium (SiGe) lassen sich schnellere und sparsamere Chips herstellen (Abb. 4.2). Eine Si-Ge-Zwischenschicht im Wafer kann nämlich deren elektrischen Widerstand nach Maß senken und dadurch die Taktfrequenz erhöhen und den Energieverbrauch senken.

Werkstoffe aus zwei oder mehr chemischen Elementen erlauben maßgeschneiderte Eigenschaften für die Elektronik. Solch ein „Verbindungshalbleiter" ist Gallium-Arsenid, GaAs. Die Vielfalt chemischer Elemente jenseits des Siliziums bietet eine Menge an Kombinationsmöglichkeiten, die noch gar nicht alle erforscht sind. Verbindungshalbleiter finden mit ihren Eigenschaften Verwendung in der Hochfrequenzelektronik und in der Optoelektronik.

4.1.3 Organische Elektronik

Wir kennen Kunststoffe gewöhnlich als Isolatoren. Kunststoffe können aber auch den elektrischen Strom leiten. Solche Kunststoffe gelten als Grundlage für Funketiketten (RFID) und neuartige Computeranwendungen wie falt- oder biegsame Displays.

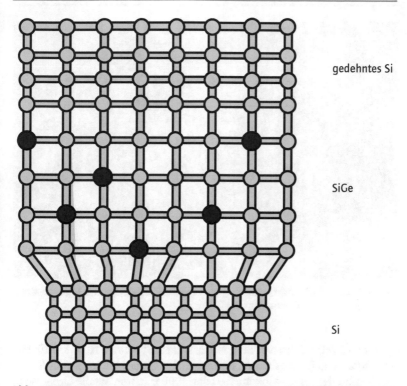

Abb. 4.2 Germanium-Atome (*dunkel*) weiten das Silizium-Gitter (*helle* Atome) auf. Das darauf gewachsene Silizium behält die Gitteraufweitung bei [26]. (Bildrechte: VDI-Technologiezentrum GmbH, ZT-Consulting)

Die „Organische Elektronik" basiert auf niedermolekularen Verbindungen oder Polymerketten aus abwechselnden Einfach- und Doppelbindungen. Ein solches Elektronensystem bietet die Voraussetzung Strom zu leiten. Ähnlich wie in der Siliziumtechnik werden in der Polymerelektronik durch gezieltes Dotieren die elektronischen Eigenschaften beeinflusst. Man entfernt Elektronen durch Oxidation oder fügt zusätzliche Elektronen durch Reduktion hinzu. Diese „Löcher" und Überschusselektronen können sich entlang der Polymerkette über gewisse Bereiche hin bewegen.

Abb. 4.3 Grossflächige Prozessierung von organischen Halbleitern in Rolle-zu-Rolle Fertigung. (Bildrechte: Fraunhofer EMFT)

In den 1980er Jahren gelang es Forschern, die ersten funktionstüchtigen Organischen Transistoren und die ersten Organischen Leuchtdioden und Solarzellen zu entwickeln. Seit den 1990er Jahren hat die Organische Elektronik in Deutschland wie auch weltweit eine rasante Entwicklung genommen. Die Relevanz wurde bereits durch die Vergabe des Nobelpreises für Chemie 2000 an die beiden US-amerikanische Forscher Alan J. Heeger und Alan G. MacDiarmid sowie den japanischen Chemiker Hideki Shirakawa für die Entdeckung und Entwicklung elektrisch leitfähiger Polymere herausgestellt. Allerdings müssen wir die Prozesse vom Ladungstransport bis hin zur Stabilität der organischen Stoffe noch besser verstehen.

Der Organischen Elektronik wird mittel- bis langfristig ein globales Marktvolumen von mehreren hundert Milliarden Euro prognostiziert, was in etwa dem wirtschaftlichen Stellenwert der heutigen konventionellen, siliziumbasierten Elektronik entspricht. Sie ist insgesamt kostengünstiger, taugt zur Massenproduktion (Abb. 4.3) und verspricht darüber hinaus Gewichtseinsparung. Die Stärken der leistungsfähigen und stabilen Silizium-Elektronik werden dabei aber sicherlich weiterhin gebraucht.

Zu den neuen Funktionen und Anwendungsmöglichkeiten gehören Organische Leuchtdioden (OLED, siehe unten), welche in Beleuchtungssystemen und Displays zum Einsatz kommen, die Organische Photovoltaik (OPV) und Organische Feldeffekttransistoren (OFET), welche derzeit schon in gedruckten RFID (radio frequency identification)-Tags Verwendung finden.

Die Organische Elektronik lässt deutlich werden, welche Rolle die Kette vom Material zum Produkt, hier sogar: vom Molekül zum Produkt, spielt. Der Werkstoff – hier: die Polymere – steht im Zentrum von der Materialforschung über die Entwicklung von Bauelementen bis hin zur Umsetzung in marktfähige Produkte. Dabei sind zahlreiche Disziplinen eingebunden (Tab. 4.1).

Tab. 4.1 Einordnung verschiedener Themen der Organischen Elektronik in die Ausgangsdisziplinen [27]

Chemie	Physik	Maschinenbau	Elektrotechnik
Materialentwicklung	Deviceentwicklung	Anlagentechnik	Schaltungen
Verkapselung	Modellierung	Prozessierung	Deviceentwicklung
Design	Prozessierung	Druckmaschinen	Transistoren
Materialsynthese	...	Messverfahren	Verkettung
Modellierung	Qualitätssicherung	Qualitätssicherung	...
Substrate	Design	...	Design
Emitter	Messverfahren	Beschichtung	Systemintegration
Prozessierung	Materialentwicklung ...		...

4.1.4 Nanoelektronik

Wenn Schichtdicken in elektronischen Bauteilen nur noch wenige Atomlagen betragen, erreicht die Silizium-Technologie ihre Grenzen. Dies erfordert – neben neuen (Lithographie-) Verfahren, Bauelementkonzepten und -design – vor allem neue Materialien. Gelangen die Abmessungen elektronischer Elemente deutlich unterhalb 100 Nanometer, so stellen sich dabei auch neue Effekte ein: So treten bei immer kleiner werdenden Isolierschichten aus Siliziumdioxid sogenannte Tunnelströme auf, weil nur noch wenige Atome überbrückt werden müssen; diese quantenmechanischen Effekte sind in konventionellen Bauteilen unerwünscht. Im Sinne einer weiteren Verkleinerung muss man mit neuen Materialien wie z. B. Hafnium arbeiten, mit denen die Abmessungen verkleinert werden können, ohne dass Tunnelströme auftreten [28].

Noch gelingt also eine stetige Verkleinerung im Sinne des Mooreschen Gesetzes – wenn auch immer höherer Aufwand getrieben werden muss, um geeignete Materialien und Prozesse zu finden. Doch irgendwann stößt die Silizium-Elektronik an atomare Grenzen. Es eröffnen sich jetzt neue Horizonte der Elektronik durch die *Molekularelektronik*, ein Teilgebiet der Nanoelektronik: Nicht nur die in der Organischen Elektronik eingesetzten Polymere, sondern auch aus der Biologie bekannte Moleküle wie die Erbsubstanz DNA könnten hier in Zukunft eingesetzt werden. Solche Moleküle könnten einerseits gezielt verändert werden, um elektr(on)ische Eigenschaften nach Maß zu erzielen. Andererseits eröffnen sich hier die Perspektiven der Selbstorganisation: „Programmierbare Materie" wie beispielsweise DNA kann sich – ausgehend von spezifischen Basensequenzen – wie von selbst zu räumlichen Strukturen ausbilden, Funktionen nach Wunsch ausüben und als Speicher verwendet werden (siehe Abschn. 4.2.3).

4.1.5 Metalle: Kupfer vs. Aluminium

Die besten elektronischen Bauelemente nützen nichts, wenn sie nicht miteinander verbunden werden. Solche Leiter braucht man auch für die Versorgung mit elektrischer Energie (siehe Abschn. 3.2.2).

Silber, Kupfer, Gold, Aluminium – das sind die besten elektrischen Leiter. Silber und Gold kommen aus Kostengründen nur für besondere technologische Anwendungen in Frage, bleiben also Kupfer und Aluminium für Anwendungen wie Stromleitungen. Aluminium ist um ein Drittel leichter als Kupfer, so dass es – bezogen auf das Gewicht – sogar ein besserer Leiter als Kupfer ist. Und Aluminium ist billiger (Kupferleitungen sind bis zu dreimal teurer als entsprechende Aluminiumleitungen). Die Frage, ob Kupfer oder das billigere Aluminium verwendet wird, hängt aber von den jeweils im Blickpunkt stehenden Eigenschaften ab:

Kupfer ist duktiler als Aluminium: Drähte brechen nach mehrmaligem Hin- und Herbiegen nicht so leicht ab. Aluminium überzieht sich an der Luft sehr schnell mit einer Oxidschicht, die nicht elektrisch leitet und das Kontaktieren erschwert. Schließlich neigt Aluminium zum „Langzeitfließen": Der Werkstoff gibt bei starkem Druck mit der Zeit nach. So können zunächst feste Anschlüsse sich allmählich lockern. Daher wird Kupfer in so verschiedenen Anwendungen wie Gebäude-Installationen und Verdrahtung von Halbleiter-Chips verwendet und kein Aluminium [29].

Herstellung von Kupferdraht

Kupfer wird zunächst gegossen und zu Draht mit z. B. 12 Millimeter Durchmesser ausgewalzt. Dann wird der grobe Draht von einer sogenannten Ziehscheibe durch die sich verjüngende Öffnung eines Ziehsteins gezogen. Von Produktionsgang zu Produktionsgang zieht man ihn durch immer kleinere Öffnungen, bis er schließlich die gewünschte Abmessung hat, bis hinab zu 0,1 Millimeter. Diese plastische Verformung gelingt ohne eine Wärmebehandlung.

Auch in *Hochspannungskabeln* wird Kupfer als Leiterwerkstoff bevorzugt. Hochspannungskabel (Abb. 4.4) brauchen nämlich teure Isolierwerkstoffe und äußere Abschirmung, so dass der Gesamtquerschnitt des Kabels möglichst klein sein sollte.

Im Bereich der *Niederspannungs-Hochstromkabel* muss im Einzelfall entschieden werden, ob ein größerer Kabelquerschnitt oder ein höheres Kabelgewicht hingenommen werden soll. Ein Kupferkabel ist aus Gründen der Duktilität sowie auf Grund des kleineren Querschnittes wesentlich leichter zu verlegen. Zudem lässt sich Kupfer leichter mit anderen Leitern kontaktieren. Unangefochten bleibt Aluminium bei Hochspannungs-Freileitungen, die ja keine Isolierung aufweisen: Hier ist der Raumbedarf unerheblich, dagegen ein geringes Gewicht von großer Bedeutung – und da sind Leitungen aus Aluminium trotz größerer Durchmesser immer noch leichter als vergleichbare Kupferleitungen.

Abb. 4.4 Der komplexe
Aufbau eines Hochspan-
nungskabels. Man beachte
die aufwändige Isolierung
um den Kern aus Kupfer.
(Bildrechte: Nexans Suisse
SA)

4.1.6   Lichtleiter

Schneller als Licht geht es nicht. *Optische Technologien* für die Informa-
tionstechnik umfassen die Informationsaufzeichnung mit Kameras, die
Speicherung und Wiedergabe (z. B. Projektion). Informationsübermitt-
lung mit Licht geschieht z. B. in Glasfasern aus hochreinem Quarzglas
(Siliziumdioxid). In dem Durchmesser von einem Achtel Millimeter ist
der lichtleitende Kern enthalten (Abb. 4.5, Ziffer 1) und ein Fasermantel
mit einem geringeren Brechungsindex (Ziffer 2), so dass das Licht (man
verwendet Infrarotlicht, für das die Faserverluste am geringsten sind) innen totalreflektiert wird und im Kern verbleibt. Information kann damit
über 100 Kilometer ohne Zwischenverstärker übertragen werden.

   Um die Lichtverluste möglichst gering zu halten, muss das Quarzglas
extrem rein sein. Daher werden Glasfasern mittels chemischer Gasphasenabscheidung (siehe unten) aus hochreinem Silan, das sich als

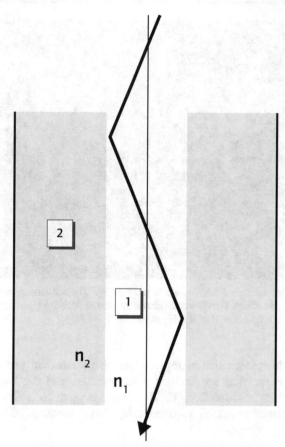

Abb. 4.5 Wellenleitung in einer Lichtleitfaser (*1*) durch Totalreflexion am Fasermantel (*2*) mit den Brechungsindices n1 bzw. n2 (Bildrechte: acatech)

Siliziumdioxid abscheidet, erzeugt. Zunächst wird auf diese Weise ein Glasstab (eine sogenannte Preform) von typischerweise 1 Meter Länge und 10 bis 50 Millimeter Durchmesser hergestellt. Bei diesem Prozess werden gezielt Dotierungen eingebracht, um den gewünschten Verlauf des Brechungsindex von innen nach außen zu erzeugen: Der Mantel, der ebenfalls aus dotiertem Quarzglas besteht, muss zur Totalreflexi-

Abb. 4.6 Polymerfasern können als kostengünstige Datenleitungen über kürzere Strecken dienen. Kleine Wandlerboxen übersetzen das elektrische Signal aus der Kupferleitung in ein optisches Signal. (Bildrechte: Siemens AG)

on der Lichtsignale einen geringeren Brechungsindex aufweisen als der Kern der Faser. Aus der Preform wird anschließend die Faser durch Aufschmelzen bei rund 2000 Grad Celsius gezogen. Aus einem Meter Preform (Durchmesser 20 Millimeter) können mehr als 5000 Kilometer Faser erzeugt werden.

▶ **Chemische Gasphasenabscheidung (chemical vapor deposition, CVD)**
Es handelt sich um ein Beschichtungsverfahren, das in der Mikroelektronik und bei der Herstellung von Lichtwellenleitern verwendet wird. An der Oberfläche eines Substrats (für Glasfasern kann dies ein dünner Stab aus Graphit sein) findet eine Reaktion von Komponenten aus der Gasphase statt. So kann z. B. Siliziumdioxid abgeschieden werden, wenn Chlorsilan (eine Silizium-Chlor-Verbindung) mit Sauerstoff und Wasserstoff reagiert.

Glasfaserkabel leiten große Datenmengen konkurrenzlos schnell. Nur sie ermöglichen beispielsweise die Kommunikation über das Internet. Die preisgünstigeren *Lichtwellenleiter aus Polymerfasern (polymer optical fibre, POF)* reichen für viele Anwendungen aus – insbesondere, wenn Daten nur über kurze Strecken (einige hundert Meter) übertragen werden sollen (Abb. 4.6) – bieten jedoch bei weitem nicht die Leistungsfähigkeit der Glasfasern. In der Industrieautomation haben sich sowohl Glasfasern als auch Polymerfasern zur Datenübertragung etabliert. Sie verknüpfen Werkzeugmaschinen oder Roboter untereinander und mit der Steuerzentrale. Weitere Anwendungen gibt es in der Automobilindustrie, bei Windkraftanlagen oder in der Medizintechnik.

4.2 Speicher

4.2.1 Papier

Papier ist ein Filz aus Zellulosefasern. Zusammengehalten wird es, weil die Fasern vielfältig ineinander verhakt sind, und weil Wasserstoffbrückenbindungen zwischen den Zellulosemolekülen wirken. Die aufs Gewicht bezogene Zugfestigkeit von Papier ist tatsächlich höher als diejenige von Baustahl.

Geschöpft aus einer Suspension von Zellstoff in Wasser, verleihen Füllstoffe dem Papier weitere Eigenschaften, z. B. Kalziumcarbonat zum Aufhellen. Leimungsstoffe machen das Papier beschreibbar, indem es weniger saugfähig wird. So entsteht ein Werkstoff, der für die kulturelle Entwicklung der Menschheit eine kaum zu unterschätzende Bedeutung hatte.

4.2.2 Magnetspeicher: Bänder und Festplatten

In heutigen Computern werden große Datenmengen magnetisch auf Festplatten gespeichert. Um digitale Information anzulegen, benötigt man einen Schalter, der verschiedene Zustände einnehmen kann. Magnete sind ideale „Schalter", da sie von einem äußeren Feld in einen von zwei Zuständen gebracht werden können. Solche Magnete können einzelne Eisenatome sein („Elementarmagnete"). Tatsächlich werden jedoch sogenannte „Domänen" magnetisiert, das sind mikroskopisch kleine Bereiche im Metallgitter, deren Elementarmagnete parallel ausgerichtet sind.

Eine frühere Form der Magnetspeicherung sind Magnetbänder, wie sie sich etwa noch in Audiokassetten finden (diese Speicherung geschah nicht digital, sondern analog, aber das Prinzip ist dasselbe). 1934 lieferte BASF die ersten 50.000 Meter Tonband – es handelte sich dabei um mit Stahlstaub beklebtes Papierband. Zusammen mit dem von der AEG entwickelten ersten „Magnetophon" wurde es der Öffentlichkeit vorgestellt. Schon bald wurde das wenig praktikable Papier durch Kunststoff als Träger ersetzt. Acetylzellulose und seine Verarbeitung zu Band kannte man bereits von Fotofilmen: Man goss einen Grundfilm aus Acetylzellulose und trug auf ihn die magnetisierbaren Teilchen in dünner Schicht gleichmäßig verteilt auf. Die so erhaltenen Rollen wurden in Bänder geschnitten und in Längen von 1000 Meter auf Metallkernen aufgespult. Um die Anwendung des Tonbandes noch rationeller zu gestalten, verringerte man dessen Banddicke. Je dünner das Band, eine umso größere Bandlänge passt auf eine Spule, und umso länger wird damit die Spielzeit.

Die Aufnahmequalität hängt natürlich insbesondere von der magnetisierbaren Schicht ab. Im Magnetspeicher müssen unterschiedlich magnetisierte Bereiche durch eine gewisse Grenzregion voneinander getrennt sein, damit sie sich in ihrer Magnetisierung nicht gegenseitig beeinflussen und die Information „gelöscht" wird. So gelangte man von Eisenoxid zu Chromdioxid, um im Fall von Audiokassetten bessere Klangqualität zu erhalten: Chromdioxid hat nämlich eine höhere Koerzitivität als Eisenoxid (damit ist die Stärke des Magnetfeldes gemeint, mit dem man eine Magnetisierung wieder ändern kann).

Noch höhere Koerzitivität haben reines Eisen sowie Legierungen aus Eisen, Kobalt oder Nickel. Freilich steigt mit der Verwendung dieser „besseren" Materialien auch der Aufwand, sie aufzutragen. Während Metalloxide als kleine Teilchen dispergiert in einer Matrix festgehalten werden, müssen Legierungen als dünne Filme aus der Gasphase oder einer flüssigen Phase aufgebracht werden.

Neben dem magnetischen Speichermedium braucht man zur Magnetspeicherung noch Schreib- und Lesegerät. Das Schreibgerät ist ein kleiner Elektromagnet, der durch elektrischen Strom gesteuert wird und jeweils kleine Flächen der Speicherschicht magnetisiert

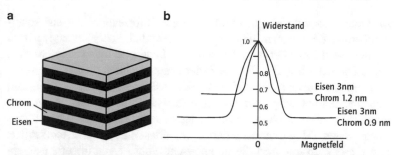

a

b

Chrom

Eisen

Widerstand

1.0

0.8

0.7

0.6

0.5

Eisen 3nm
Chrom 1.2 nm
Eisen 3nm
Chrom 0.9 nm

0   Magnetfeld

Abb. 4.7 Der Riesenmagnetowiderstand (GiantMagnetoresistance, GMR) im Schema (nach [30]). Strukturen aus magnetischen und nichtmagnetischen Schichten (**a**) ändern - je nach Schichtdicken - ihren elektrischen Widerstand sehr stark in Abhängigkeit vom Magnetfeld (**b**). (Bildrechte: acatech)

Das Lesegerät hat ursprünglich die Information abgelesen, indem im Lesekopf durch den Wechsel der Magnetfeldstärken Strom induziert wurde. Einen deutlichen Fortschritt in der Empfindlichkeit bringt die Anwendung des Riesenmagnetowiderstands (siehe unten): Hiermit lassen sich besonders empfindliche Magnetfeldsensoren herstellen, die letztlich eine weitere Steigerung der Speicherdichte ermöglichen.

Riesenmagnetowiderstand (Giant Magnetoresistance, GMR)

Seit dem 19. Jahrhundert kennt man eine Abhängigkeit des elektrischen Widerstands von einem Magnetfeld. Dieser Effekt ist jedoch nur recht klein.

Strukturen, die aus magnetischen und nichtmagnetischen dünnen Schichten mit einigen Nanometern Schichtdicke bestehen, ändern ihren elektrischen Widerstand dagegen sehr stark in Abhängigkeit von einem Magnetfeld (Abb. 4.7). Zum Einsatz kommen z. B. Eisen/ Chrom oder Kobalt/Kupfer-Schichten. Starke Magnetfelder können den elektrischen Widerstand halbieren! Dieser Effekt wurde Ende der 1980er Jahre entdeckt. Seit Ende der 1990er Jahre sind Festplatten mit Leseköpfen ausgestattet, die hochempfindliche Magnetfeldsensoren enthalten, welche auf Basis des GMR-Effekts arbeiten. 2007 erhielten Albert Fert und Peter Grünberg den Physik-Nobelpreis für Ihre Entdeckung des GMR-Effekts.

Im Gegensatz zum Magnetband kann auf Information, die auf scheibenförmigen Festplatten abgelegt ist, wesentlich schneller zugegriffen werden, weil jeder Ort darauf rasch vom Lesegerät angesteuert werden kann. Die Scheiben, die als Träger der Magnetschicht dienen, müssen – auch unter mechanischer und thermischer Beanspruchung – formstabil sein, sie sollten möglichst wenig elektrisch leitfähig und nicht magnetisch sein. Je nach Anforderungsgrad nutzt man hier Aluminium-Legierungen, Magnesium-Legierungen, Glas oder Glasverbundstoffe. Auf dieses Substrat wird die magnetische Schicht von ungefähr einem Mikrometer Dicke aufgetragen. Hier spielen neben Eisenoxid zunehmend Materialien auf der Basis von Kobalt-Chrom-Platin-Titandioxid eine wichtige Rolle, mit deren Hilfe die hohen Speicherkapazitäten erreicht werden. Typischerweise beansprucht ein Bit in Magnetspeichern heute einen Bereich von der Abmessung 100 Nanometer (es ist also noch einiger Platz bis zur atomaren Auflösung). Dies bringt Festplatten mit 10 Gigabit pro Quadratzentimeter.

4.2.3 CD und DVD

Compact Discs (CD) und Digital Versatile Discs (DVD), die u. a. aus Polycarbonat hergestellt werden, speichern Information in Form von Vertiefungen. Ein fokussierter Laserstrahl kann diese Information anhand unterschiedlicher Reflexion ablesen. Dabei hängt die Speicherdichte von der Wellenlänge des Laserlichts ab: Je kleiner die Wellenlänge, umso stärker lässt sich der Laserstrahl fokussieren. Die Vertiefungen können immer kleiner werden und immer mehr kann gespeichert werden. Unter dem Schutz eines transparenten Kunststoffs (Polycarbonat) liegt ein Material, das die Vertiefungen trägt. Im Fall „einfacher" CD/DVD ist das ein gefärbtes Polymer.

Bei wieder-beschreibbaren Medien wird die Information nicht in Form von Vertiefungen gespeichert sondern durch Bereiche verschiedener Phasen: Eine Legierung wird beim Speichern der Information durch Laserlicht (und zwar durch lokales Erhitzen) vom polykristallinen in den amorphen Zustand und umgekehrt geschaltet. Da die polykristalline Struktur im Unterschied zur amorphen Struktur reflektierende Eigenschaften besitzt, kann die Information wie bei den anderen CDs gelesen werden.

Diese Speichermedien müssen freilich regelmäßig überspielt werden, weil im Lauf weniger Jahre durch physikalische und chemische Prozesse (z. B. Entmagnetisierung) Datenverlust droht. Außerdem entstehen ständig neue Geräte, Speicherformate und Programme.

DNA als Datenspeicher

Völlig anders als Papier oder die beschriebenen magnetischen und optischen Datenspeicher arbeiten molekulare Datenspeicher, die sich derzeit im Forschungsstadium befinden. Ein Beispiel ist hier die Erbsubstanz DNA. Dies ist ein kettenförmiges Molekül, das eine Doppelhelix bildet. Die beiden Ketten werden paarweise durch Wasserstoffbrücken zwischen komplementären seitenständigen Basen zusammen gehalten. Es gibt vier verschiedene Basen, deren Abfolge die Information in der Erbsubstanz codiert, und dieser Informationsspeicher hat sich in Milliarden Jahren Evolution bewährt.

Während die Grundlage heutiger Computertechnik binär ist (Nullen und Einsen), gibt es für jedes DNA-Basenpaar vier Möglichkeiten – es steht mithin für jeweils zwei Bit. So wurden bereits Datenmengen von rund einem Megabyte in DNA (mit einigen Millionen Basenpaaren) übersetzt und fehlerfrei wieder ausgelesen. Allerdings kostet die Speicherung von einem Megabyte mit heutigen Technologien noch einige Tausend Euro. Auch die Sequenzierung der DNA-Daten kostet – im Vergleich zu optischen oder magnetischen Speichern – deutlich mehr Zeit und Geld. Dafür ist DNA-Speicher sehr stabil und muss über die Jahrtausende lediglich kühl, trocken und dunkel gelagert werden.

Vergleicht man DNA und Magnetspeicher unter solchen Gesichtspunkten, wäre bereits mit heutigen Methoden die DNA-Speicherung für die langfristige Speicherung großer Datenmengen in historischer Archive geeignet, auf die nur selten zugegriffen wird. Und molekulare Datenspeicher wie DNA sind klein: Ein Gramm DNA könnte so viel speichern wie eine Million CDs [31].

4.3 Displays

4.3.1 Flüssigkristall-Anzeigen (Liquid Crystal Display, LCD)

Seit dem 19. Jahrhundert kennt man Stoffe, die zwischen dem festen und dem flüssigen Aggregatzustand noch eine weitere „Mesophase" aufweisen. Wir wissen heute, dass es längliche bzw. scheibenförmige Moleküle mit einem elektrischen Dipol sind, die sich in dieser Mesophase parallel ausrichten, aber noch um ihre Längsachse (bzw. ihre Normale) drehbar sind. Diese räumliche Ordnung der Moleküle führt zu *Anisotropie*, d. h. elektrische, magnetische oder optische Eigenschaften sind richtungsabhängig: So wird der Brechungsindex abhängig von der Polarisationsrichtung des Lichts. Für technische Anwendungen muss diese Mesophase über einen weiten Temperaturbereich hinweg bestehen, insbesondere bei Raumtemperatur. Diese Anforderungen erfüllen besonders gut längliche Moleküle auf der Basis von Kohlenwasserstoffen.

So wird die Anzeige durch Flüssigkristalle möglich

Eine Flüssigkristall-Anzeige besteht aus mehreren Lagen (Abb. 4.8): Außen zwei dünne Glasscheiben, die mit durchsichtigen Elektroden beschichtet sind und zudem Polarisatoren (Polarisationsfilter), die um 90 Grad gegeneinander gedreht sind. Jeder dieser Filter lässt nur Lichtwellen mit einer entsprechenden Orientierung durch. Werden zwei um 90 Grad gegeneinander gedrehte Filter hintereinander gebracht, kann kein Licht durchkommen.

Die Funktionsweise heutiger Flüssigkristall-Anzeigen ergibt sich dadurch, dass sich in der Mitte jeweils wenige Mikrometer dünne Schichten aus chiralen, flüssigkristallinen Molekülen befinden, die – bezogen auf die Längsrichtung der Moleküle – schraubenförmig angeordnet sind. Die Polarisation einfallenden Lichts wird durch die Moleküle gedreht, so dass es hinter den Flüssigkristall-Schichten den um 90 Grad gedrehten Polarisator passieren kann. Legt man aber an die Elektroden eine Spannung an, orientieren sich die Dipol-Moleküle so, dass sie parallel zum Lichtstrahl stehen. Dann drehen sie die Polarisationsrichtung des Lichts nicht mehr, und das Licht wird nicht durchgelassen. Liegt keine Spannung mehr an, nehmen die Flüssigkristalle wieder ihre ursprüngliche Anordnung an, und das Licht wird

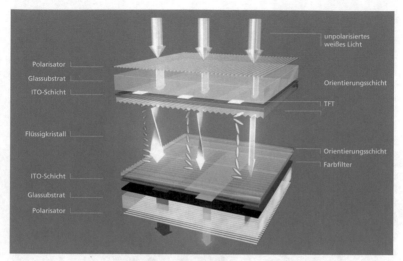

Abb. 4.8 Aufbau einer Flüssigkristall-Anzeige (LCD) (Bildrechte: Merck KGaA)

durchgelassen. Farbig wird das Display, indem je Pixel drei solcher Anordnungen mit verschiedenen Farbfiltern gesteuert werden.

Der Vorteil der LCD gegenüber LED (siehe Abschn. 4.3.2) besteht im geringeren Energieverbrauch, wenn Umgebungslicht genutzt werden kann.

4.3.2 Leuchtdioden (Light Emitting Diode, LED)

LEDs beruhen auf der *Elektrolumineszenz* von Halbleiterdioden: Diese bestehen aus zwei derart dotierten Halbleitern, dass der eine einen Überschuss an positiven (Löcher) Ladungen (p-Dotierung), der andere einen Überschuss an negativen (Elektronen) Ladungen (n-Dotierung) hat. Beim Anlegen einer elektrischen Spannung in Durchlassrichtung wandern die Elektronen in den p-Halbleiter und rekombinieren mit den Löchern. Die dabei frei werdende Energie wird bei Halbleiterdioden in Form von Licht ausgestrahlt. Je nach Material und Dotierung werden

Abb. 4.9 Neue Designmöglichkeiten: Die Leuchte „Rollercoaster" nutzt transparente organische Leuchtdioden (OLED). (Bildrechte: Osram)

verschiedene Energien freigesetzt und entsteht Licht verschiedener Wellenlängen bzw. Farbe.

Dioden aus Silizium leuchten nicht. Daher verwendet man zur Herstellung der LEDs sogenannte Verbindungshalbleiter. Diese enthalten nicht nur ein Element, sondern zwei oder mehr Elemente. LEDs für sichtbares Licht basieren beispielsweise auf Gallium-Arsenid-Phosphid. Auf der Basis der nitridischen Halbleitermaterialien (aus Aluminium, Gallium und Indium) können seit einigen Jahren auch blaue Leuchtdioden hergestellt werden. Nachdem nun auch die Farbe Blau verfügbar ist, lassen sich durch Farbmischung alle Farben mit Leuchtdioden erzeugen, so dass großflächige farbige Displays, deren Pixel mit Leuchtdioden bestückt sind, möglich geworden sind. Jetzt können auch weiße Leuchtdioden hergestellt werden: Dazu wird das Licht von blauen LEDs durch Leuchtstoffe in Licht der Komplementärfarbe Orange verwandelt. Durch

Abb. 4.10 Ein Elektrochromes Display behält seine Anzeige auch bei abgeschaltetem Strom (Bildrechte: PolyIC)

die Kombination blauem und orangem Licht wird die weiße Lichtfarbe erzeugt.

Mit Leuchtdioden für Beleuchtungszwecke lässt sich gegenüber anderen Leuchtmitteln viel Energie einsparen, weil LEDs verhältnismäßig wenig (Ab)Wärme produzieren. Mittlerweile lassen sich LEDs auch aus organischem halbleitenden Material herstellen. Organische Leuchtdioden (OLED) sind kostengünstiger in der Produktion, haben aber noch eine geringere Leuchtkraft und sind nicht so lange haltbar wie die anorganischen LEDs. OLED-Technologie kann aber bereits heute durch Fernsehgeräte, Videobrillen und mobile Anwendungen Aufmerksamkeit erregen (Abb 4.9).

4.3.3 Elektrochrome Displays

Was auf Papier steht, kann man immer wieder ansehen. Das Problem heute gängiger Displays ist dagegen: Sobald der Strom abgeschaltet wird, ist die Anzeige schwarz. Anders bei sogenannten elektrochromen

Displays (ECD). Sie brauchen Strom nur, um ihre Anzeige zu ändern. Bei der elektrochromen Technologie verändern sich durch eine umkehrbare Oxidation oder Reduktion des Materials die Absorptions- bzw. Reflexionseigenschaften der Farbstoffmoleküle. Da diese sich gut auf flexible Folien auftragen lassen, erschließen sie neue Anwendungen, so etwa elektrochrome Folien auf Coupons (Abb. 4.10).

Typische elektrochrome Displays bestehen im Wesentlichen aus nur drei Schichten: Eine Kunststofffolie wird mit einem organischen Leiter beschichtet. Darauf folgt eine Elektrolyt-Folie, den Abschluss bildet wieder eine mit dem organischen Leiter beschichtete Folie. Der organische Leiter übernimmt die Stromzuleitung und dient gleichzeitig als elektrochromes Material. Positive und negative Ionen können sich im Elektrolyt frei bewegen. Wird zwischen oberer und unterer Schicht eine Spannung angelegt, wandern die Ionen zu den gegenteilig geladenen Elektroden. Die positiven Ionen ziehen Elektronen auf das elektrochrome Material, das dann chemisch reduziert wird. Rotes Licht wird absorbiert, das Material erscheint in der Folge dunkelblau.

Literatur

[26]   H.-J. Bullinger (Hg.): Technologieführer, Springer, Berlin, Heidelberg 2007.

[27]   acatech: Organische Elektronik in Deutschland (acatech BERICHTET UND EMPFIEHLT Nr. 6), Springer, Berlin, Heidelberg 2011, S. 38.

[28]   P. Russer et al. (Hg.): Nanoelektronik: Kleiner – schneller – besser (acatech DISKUSSION), Springer, Heidelberg, Berlin 2013.

[29]   http://www.kupferinstitut.de/front_frame/frameset.php3?idcat=72&client=1& idside=531&idcatside=674&lang=1&parent=1

[30]   P. Ball: Made to Measure, Princeton University Press 1997, S. 77.

[31]   M.-D. Weitze: Shakespeares Sonette – gespeichert in DNA-Molekülen, Neue Zürcher Zeitung 30. Januar 2013.

Werkstoffe für Mobilität

5

Zusammenfassung

Vom Schuh bis zum Passagierflugzeug: Werkstoffe ermöglichen Bewegung. Ausgehend von Naturstoffen wie Leder und Holz wurden im Laufe der Jahrhunderte neue Materialien ersonnen, mit denen Mobilität immer komfortabler, sicherer und umweltschonender wird.

5.1 Schuhe

Verschiedene Bestandteile eines Schuhs, die uns das Laufen erleichtern, erfordern verschiedene Materialien. So kann das Obermaterial aus Leder, Kunststoff oder Textil bestehen.

Die Schuhindustrie ist weltweit der Hauptabnehmer für *Leder*. Leder ist die Haut von Tieren, die durch die Behandlung mit Gerbstoffen widerstandsfähig und haltbar gemacht wird. Dabei sind die vom Leder geforderten Eigenschaften vielfältig; Abriebfestigkeit und Weiterreißfestigkeit (also die Kraft die aufgebracht werden muss, um bestehende Risse zu vergrößern) sind nur zwei davon.

Es kommen viele verschiedene Arten Leder zum Einsatz, die man nach Herkunft (also z. B. vom Rind, und hier wiederum aus dem Halsbereich) unterscheidet. Je nachdem, ob die Innenseite (Fleischseite) oder die Außenseite (Narbenseite) nach außen zeigt, weist die Lederoberfläche verschiedene Eigenschaften auf. Die Innenseite ist rau und weich, während die Außenseite glatt und – je nach Tierart – strukturiert ist. Die Außenseite ist besser gegen Staub und Schmutz geschützt. Durch einen feinen Schliff kann sie noch weiter geglättet werden und ggf. durch Lack und andere Beschichtungen mit Glanz versehen werden.

Für das Laufen noch wichtiger als das Obermaterial ist die Laufsohle, die den Kontakt zum Untergrund herstellt. Auch sie ist mitunter aus Leder hergestellt, dann allerdings glatt, wasserdurchlässig und einem hohen Verschleiß ausgesetzt. Laufsohlen aus Kunststoff wie PVC oder Polyurethan dagegen lassen sich leicht an den Einsatzzweck anpassen, mit Profil versehen und zudem gut verarbeiten.

Tatsächlich ist Leder bei weitem nicht das einzige Material für Schuhe. Gummistiefel, die aus PVC hergestellt werden, lassen Wasser gar nicht durch. Viele andere Kunststoffe können, etwa bei Sportschuhen, verwendet und auf den jeweiligen Einsatzbereich angepasst werden. So lassen sich Eigenschaften wie Flexibilität, Härte, Abriebfestigkeit, auch Transparenz und Lichtbeständigkeit mit Polyurethanen erzielen, die zudem gut zu verarbeiten sind.

5.2 Automobil

Spaß am Fahren, Sicherheit, Umweltschutz – zahlreiche zunächst miteinander konkurrierende Anforderungen müssen Autos erfüllen. Mehr Komfort und Sicherheit (etwa Klimaanlage und hohe Crash-Sicherheit) machen das Auto schwerer. Das bedeutet wiederum mehr Energieverbrauch und mehr Abgase. So bestehen Automobile aus einem Mix unterschiedlichster Werkstoffe, die die konkurrierenden Anforderungen in Einklang bringen sollen.

Dabei machen Stahl und Stahlbleche in einem Mittelklasseauto mit knapp 60 Prozent (Gewichtsanteil) den größten Anteil aus, gefolgt von den Kunststoffen mit etwa 15 Prozent und den Leichtmetallen mit 13 Prozent. Den Rest teilen sich Glas und sonstige Werkstoffe.

5.2.1 Stahl im Auto: immer fester, immer leichter

Vom Getriebezahnrad bis zum Fahrgestell: Stahl ist für Automobile bis heute der Werkstoff der Wahl. Verschiedene Stahlsorten können helfen, Zielkonflikte zu lösen, etwa bei der Wahl der Werkstoffe für den Karosserieleichtbau: Zunehmende Festigkeiten der Bauteile, die gewünscht werden, gehen zunächst mit verminderter Umformbarkeit einher. Neue Stahlsorten sind leichter und fester, lassen sich aber dennoch in ausreichendem Maße umformen. Dabei können sie weiter ihre Wirtschaftlichkeit und Recyclingfähigkeit ausspielen.

Mehrphasenstähle sind ein Beispiel, wie der etablierte Werkstoff Stahl immer weiter entwickelt wird [32]. Klassischer Stahl ist „weich" und damit gut zu verarbeiten. Das Gefüge ist recht grobkörnig (Abb. 5.1a). Eine Stahllegierung mit Molybdän und Titan, die zudem einem thermomechanischen Walzprozess unterworfen wurde, ist wesentlich feinkörniger. Zudem liegen hier Titan-Molybdän-Ausscheidungen im Nanometer-Maßstab vor, die auch zur Härte dieses Werkstoffs beitragen (Abb. 5.1b). Solch ein hochfester Stahl weist freilich eine geringere Dehnbarkeit auf und lässt sich daher nicht mehr leicht umformen.

Beispiel

Die sogenannte B-Säule ist eine Verbindung zwischen Fahrzeugboden und Fahrzeugdach, die eine Verformung der Fahrgastzelle beim Überschlag verhindern soll. Sie soll leicht und besonders fest sein. Wie die einzelnen Stufen des komplexen Fertigungsprozesses die Eigenschaften dieses Bauteils beeinflussen, und ob durch das Herstellungsverfahren mögliche Vorschädigungen wie Porenbildung und Mikrorisse entstehen, lässt sich unter anderem durch Simulation ermitteln. Damit lassen sich Crashtests (Abb. 5.2) ergänzen und Bauteile gezielter entwickeln.

Die neuen Stahlsorten nehmen in modernen Automobilen immer mehr Raum ein, weil sie gleichzeitig Crashanforderungen und Leichtbauziele erfüllen helfen. Im Bereich der Fahrgastzelle etwa braucht man die höchste Festigkeit. Mittlere Festigkeit ist etwa im Front- und Heckbereich der Karosserie gewünscht, während die Außenhaut aus weichem Tiefziehstahl bestehen kann (Abb. 5.3).

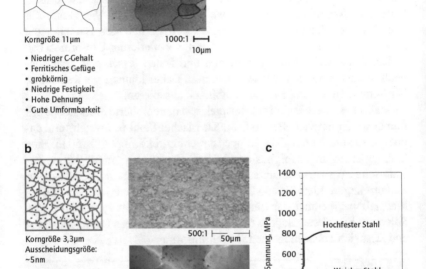

Abb. 5.1 Gefüge und Eigenschaften „weichen" (**a**) und „hochfesten" (**b**) Stahls sowie das zugehörige Spannungs-Dehnungs-Diagramm (**c**). (Bildrechte: acatech)

Viele verschiedene Arten der Stahlverarbeitung kommen im Automobilbereich zum Tragen, so etwa das Schmieden komplexerer Bauteile (z. B. Zahnräder) oder das Walzen von Blechen. So wie bei der Entwicklung neuer Stahllegierungen ergeben sich auch hier neue Ansätze des Leichtbaus, wie z. B. *Tailored Blanks*. Bleche für PKW benötigen an verschiedenen Stellen verschiedene Festigkeiten. Abgestimmt auf die jeweiligen Einsatzbereiche können Einzelbleche aus unterschiedli-

Abb. 5.2 Die Schädigung eines Bauteils nach einem Crashtest. (Bildrechte: Fraunhofer IWM)

Abb. 5.3 Hoch- und höchstfeste Stähle in der Karosserie eines PKW (hier die Rohkarosserie eines Porsche Cayenne mit den eingesetzten Strukturbauteilen aus Mehrphasenstählen) verbessern die Gebrauchseigenschaften, senken das Gewicht und erhöhen die Sicherheit (*blau*: TRIP-Stahl, *rot*: Dualphasenstahl, *grün*: Complexphasenstahl). (Bildrechte: Stahl-Informations-Zentrum)

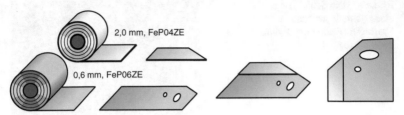

Abb. 5.4 Tailored Blanks sind maßgeschneiderte Stahllösungen für die Automobilindustrie. (Bildrechte: ThyssenKrupp AG)

chen Stahlgüten, Blechdicken und mit verschiedenen Beschichtungen miteinander verschweißt werden. Diese sogenannten Platinen sind maßgeschneidert und können anschließend umgeformt werden (Abb. 5.4).

▶ **Der Schneeballeffekt im Leichtbau** Weniger Gewicht in Auto oder Flugzeug senkt den Treibstoffverbrauch. Damit können auch die Tanks und Motoren kleiner ausgelegt werden – und das Fahrzeug wird nochmals leichter. Die tragenden Strukturen können dann auch kleiner ausgelegt werden, was zu weiterer Gewichtsersparnis und Treibstoffeinsparung führt.

5.2.2   Kunststoffe im Auto

Der wohl augenfälligste Einsatz von Kunststoffen im Auto sind die Gummireifen. Hauptbestandteil der Reifen ist *Kautschuk*, der aus dem Saft der Rinde von Gummibäumen gewonnen wird. Es handelt sich dabei um Polyisopren, das durch Zusatz von Schwefel und Erhitzen (sog. Vulkanisieren) vernetzt wird und dadurch in ein Gummi umgewandelt wird. Seit Beginn des 20. Jahrhunderts lassen sich Kautschuk oder ähnliche Stoffe auch künstlich herstellen, womit sich einerseits die Abhängigkeit von Lieferungen aus Südamerika überwinden ließ und andererseits Wege erschlossen wurden, Gummi maßzuschneidern. Neben Kautschuk (40 Prozent) bestehen Reifen aus Weichmachern, Füllstoffen (Ruß) sowie Festigkeitsträgern (etwa Stahl und Nylon). Je nach Zusammensetzung hat die Gummimischung verschiedene Eigenschaften, was wiederum die Fahreigenschaften bestimmt: Weiches Material ermöglicht zwar gutes Bremsen und Beschleunigen auch auf nassen Straßen, allerdings sind der Rollwiderstand und der Abrieb (und damit Treibstoffverbrauch und Verschleiß) entsprechend hoch. Zusatzstoffe wie Silica (das sind Salze der Kieselsäure) erhöhen die Vernetzung der Polymere weiter und können den Abrieb senken, während die Konsistenz des Materials erhalten bleibt.

Durch die Kombination der Mischungsbestandteile erhält Gummi also die verschiedensten Eigenschaften, und in einem einzelnen Reifen werden verschiedene Gummisorten eingesetzt. Kautschuk wird wegen seiner Vielfalt an Eigenschaften auch anderswo eingesetzt: Von Schläuchen über Dichtungen bis hin zu Oberflächenmaterialien im Innenbereich der Fahrgastzelle.

Warum sind Reifen schwarz?

Die Beimengung von Ruß erhöht die Steifigkeit, die Härte, die Beständigkeit und die Haftfestigkeit des Reifens auf der Straße und vor allem seinen Abriebwiderstand. Und macht den Reifen schwarz.

Tatsächlich waren die ersten Autoreifen aus Naturkautschuk hergestellt und enthielten noch keine Zusätze wie Ruß. Sie waren weiß.

Ausgehend von den Gummireifen, breiten sich Kunststoffe seit Jahrzehnten im Auto aus. Ihr Anteil liegt heute bei rund 15 Gewichtsprozent. Wegen der geringen Dichte (etwa ein Siebtel der Dichte von Stahl), Korrosionsbeständigkeit und leichten Formbarkeit sind Thermoplaste zur Herstellung moderner Fahrzeuge unverzichtbar.

► Je nach Dauergebrauchstemperatur unterscheidet man bei den Thermoplasten *Standardkunststoffe* (bis 90 Grad Celsius), *Technische Kunststoffe* (90 bis 150 Grad) und *Hochleistungskunststoffe* (150 bis 250 Grad).

Dabei bieten Kunststoffe noch immer ein erhebliches Entwicklungspotenzial. So verbessern Hersteller beispielsweise ständig die Widerstandsfähigkeit gegenüber hohen Temperaturen. Solche Kunststoffe lassen sich sogar als Zylinderkopfdichtungen in Motoren einsetzen.

Abb. 5.5 Das Panoramadach eines Bugatti Veyron ist aus Polycarbonat gefertigt. Die gut ein Quadratmeter große Fläche wiegt 5,6 Kilogramm. Glas wäre doppelt so schwer. (Bildrechte: Bugatti)

Gewicht lässt sich im Auto auch einsparen, indem Glasscheiben durch entsprechende Kunststoffe ersetzt werden, die eine nur halb so große Dichte aufweisen. Polycarbonat – aus diesem Kunststoff bestehen auch die CD-Scheiben – ist der zäheste transparente Kunststoff, den man kennt. Polycarbonat schützt mit seiner Schlagzähigkeit die Fahrer von Rennwagen, die Bediener schnell drehender Maschinen und kann Autodächer transparent und leicht machen (Abb. 5.5). Es taugt freilich nur bedingt als Glasersatz, da es zur Spannungsrisskorrosion neigt. Glas ist deutlich härter.

Spezielle, kratzfeste Silikon-Beschichtungen können dieses Manko beheben. So bestehen schon heute die Frontscheiben des ICE aus beschichtetem Polycarbonat. Dadurch müssen sie nach Kollisionen mit Fremdkörpern seltener ausgewechselt werden. Voraussetzung hierfür ist allerdings eine genau ausbalancierte Beschichtung: Die äußere Scheibe ist gut 13 Millimeter dickes Verbundglas mit einer Zwischenfolie aus einem weiteren Kunststoff (Polyvinylbutyral), der besonders reißfest ist und beim Bruch der Scheibe Splitter binden kann. Die innere Fensterscheibe ist halb so dick und hat eine Zwischenschicht aus Gießharz. Die Scheibe ist damit insgesamt über 35 mm dick [33].

Für Windschutzscheiben von Automobilen wird nach wie vor das kratzfeste *Glas* gebraucht, wobei auch dort eine Kunststofffolie eine wichtige Rolle übernimmt. Die Frontscheiben bestehen aus Verbund-Sicherheitsglas und schützen im Schadensfall vor herumfliegenden Glasscherben und Gegenständen, die auf die Scheibe treffen. Dieses Sicherheitsglas besteht aus einer reißfesten und zähelastischen Folie (meist Polyvinylbutyral) zwischen zwei oder mehreren Glasscheiben. Dadurch bindet es im Falle eines Bruches Splitter und bewirkt damit eine erhebliche Reduzierung der Verletzungsgefahr. Auch nach Teilzerstörung hat das Glas noch eine gewisse Schutzwirkung, kann also auch ein Herabfallen von Scherben auffangen.

Kunststoffe werden im Automobil freilich noch an zahlreichen weiteren Stellen eingesetzt, so in Karosserieteilen (z. B. Stoßfänger aus energieabsorbierenden Schaumstoffen), Autositzen, Dämmmaterialien und Kraftstofftank. Hier sind Kunststoffe günstig, weil sie leicht und korrosionsbeständig sind und darüber hinaus bei der Fertigung gut an die Form des Fahrzeugbodens angepasst werden können.

5.2.3 Weitere Werkstoffe

Neben Stahl und Kunststoffen spielt eine Vielzahl weiterer Werkstoffe eine Rolle im Automobilbau, beispielsweise *Lack*. Autolack soll gut aussehen und vor Witterung und Schmutz schützen. Die unterste Schicht schützt vor Korrosion. Es folgt eine Polymerschicht, die Unebenheiten ausgleicht. Anschließend wird der Basislack aufgetragen, der u. a. die Farbpigmente enthält. Die oberste Schicht schließlich, der Klarlack (Abb. 5.6), ist die Schutzschicht. Diese darf dabei weder zu hart noch zu weich sein. Der Klarlack besteht fast ausschließlich aus Polymeren. Zu harter Lack wird bald spröde und splittert, zu weicher Lack schützt nicht ausreichend vor Kratzern. Die Einbettung von nanometergroßen Silikatpartikeln kann helfen, diesen Zielkonflikt zu lösen. Bei mechanischer Beanspruchung – etwa durch die Bürsten einer Waschanlage – federt der Lack rasch zurück, so dass kaum Kratzer entstehen.

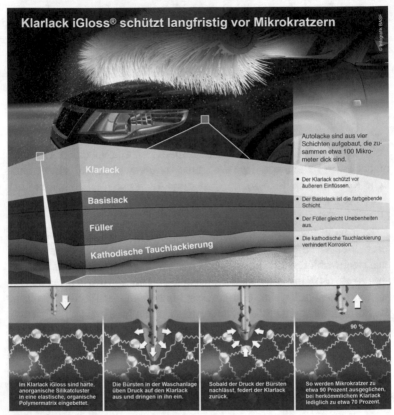

Abb. 5.6 Autolack besteht aus vier Schichten, von denen die oberste für Glanz und Kratzfestigkeit entscheidend ist. (Bildrechte: BASF SE)

Autolack ist mit 100 Mikrometer (0.1 Millimeter) so dick wie ein menschliches Haar. Dünne Schichten übernehmen auch an anderen Stellen im Auto wichtige Funktionen. Durch funktionale Beschichtungen kann beispielsweise die Lebensdauer der Motorteile verlängert, ihre Belastbarkeit erhöht und Kraftstoff eingespart werden. Beispiele sind reibungsmindernde und verschleißarme Beschichtungen auf stark beanspruchten Motorteilen wie Nockenwelle oder Kolben. Gängige Schmier-

Abb. 5.7 Magnetorheologische Flüssigkeit (Bildrechte: M.-D. Weitze)

mittel sind flüssige Mineralöle. Aber auch feste Stoffe wie Graphit oder Molybdändisulfid eignen sich aufgrund ihrer Schichtstruktur als Schmiermittel: Schichten von Kohlenstoff- oder Schwefelatomen können sich dabei wir die Blätter eines Papierstapels verschieben.

Zielkonflikte treten häufig beim Einsatz von Werkstoffen auf, wie im Fall der Gummireifen oder des Klarlacks beschrieben. Ein besonders eleganter Weg wäre, die jeweils gewünschten Eigenschaften bedarfsweise zu aktivieren. Dies gelingt im Fall von *Flüssigkeitsdämpfern*, deren Wirkung stark davon abhängt, wie dünn- oder dickflüssig das eingesetzte Fluid ist. Wenn man diese Viskosität vorübergehend verändern könnte, ließen sich zum Beispiel Geräusche und Vibrationen von Motoren gezielt verringern und jeweils gezielt den aktuellen Anforderungen anpassen. Das funktioniert mit magnetorheologischen Flüssigkeiten (Abb. 5.7). Diese verändern ihre Fließeigenschaften entsprechend der Stärke eines angelegten Magnetfeldes, das aus normalflüssigem Fluid eine zähfließende Masse macht. Schaltet man das Magnetfeld ab, ist sie wieder flüssig. Der Trick: Magnetische Partikel, beispielsweise aus Eisen, Nickel oder Kobalt, werden mit Wasser oder Öl gemischt. Unter der Wirkung eines Magnetfeldes bilden diese Partikel Ketten, wodurch die Viskosität ansteigt [33].

Der *Abgaskatalysator* wandelt Schadstoffe wie Kohlenwasserstoffe, Kohlenmonoxid und Stickoxide aus den Autoabgasen in weniger schädliche Produkte wie Kohlendioxid sowie Stickstoff und Wasser um. Der Katalysator besteht aus einem Keramikblock, der zahlreiche Kanäle aufweist, durch die die Motorabgase geleitet werden. An den Wänden dieser Kanäle sind poröse Schichten aus Metalloxiden aufgebracht, die wiederum die katalytisch aktiven Partikel aus Edelmetallen (Platin, Rhodium, Palladium) enthalten.

5.3 Flugzeug

5.3.1 Metall-Leichtbau

Aluminiumlegierungen, die leicht, steif und gut zu verarbeiten sind, sind die bevorzugten Strukturwerkstoffe für die Luftfahrt. Die Dichte von Aluminium beträgt rund ein Drittel der Dichte von Stahl.

▶ Aluminium wird aus dem Mineral Bauxit gewonnen. Durch Elektrolyse der Schmelze aus Aluminiumoxid erfolgt die Reduktion zu dem so genannten Primäraluminium. Dieser sehr energieintensive Prozess bedingt, dass Aluminium vor allem in Ländern mit Verfügbarkeit billiger Energie hergestellt wird, etwa in Brasilien, welches einen Großteil seiner Energie aus Wasserkraft bezieht. China, Russland, USA, Kanada und Australien sind führend bei der Herstellung von Aluminium.

Aluminium ist mit seinen Legierungen inzwischen zum wichtigsten Strukturwerkstoff im Flugzeug geworden. Ähnlich wie beim Stahl beeinflusst jeder einzelne Prozessschritt auf dem Weg vom Blech zum Bauteil die Mikrostruktur und damit die Werkstoffeigenschaften (Abb. 5.8).

Neben Leichtigkeit ist die Temperaturbeständigkeit ein weiterer wichtiger Aspekt bei Werkstoffen im Flugzeugbau. Hochfeste, bis weit über

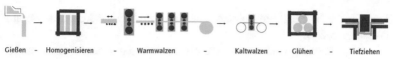

Gießen - Homogenisieren - Warmwalzen - Kaltwalzen - Glühen - Tiefziehen

Abb. 5.8 Die Prozessschritte bei der Verarbeitung einer Aluminiumlegierung bestimmen die Eigenschaften des Bauteils [34]. (Bildrechte: acatech)

1000 Grad Celsius stabile und dennoch leichte Materialien verbessern die Effizienz von Turbinen, die weniger Kerosin verbrauchen und weniger Emissionen erzeugen. So können Aluminium-Titanlegierungen eingesetzt werden, die leicht und dennoch stabil sind (Abb. 5.9). Durch Zusatz weiterer Elemente wie Niob, Bor und Molybdän kann die ursprünglich spröde Legierung hinreichend duktil gemacht werden. Durch leichtere Schaufelräder in Hochdruckverdichtern verringern sich die Fliehkräfte, so dass die gesamte Konstruktion leichter gebaut werden

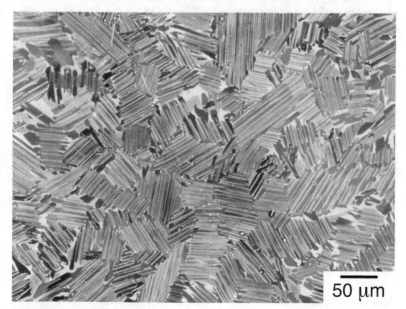

50 µm

Abb. 5.9 Mikrogefüge von Titanaluminid, einer Legierung für leichte Verdichterschaufeln im Flugzeugbau. (Bildrechte: Helmholtz-Zentrum Geesthacht)

kann. Auch hier tritt ein Schneeballeffekt durch Gewichtsreduktion auf (Abschn. 5.2.1).

In der Flugzeugturbine wird – ähnlich wie in der stationären Gasturbine zur Stromerzeugung (siehe Abschn. 3.1.1) – die thermische Belastung auf die Spitze getrieben; in der Brennkammer herrschen Gastemperaturen bis 1600 Grad Celsius. Hier gelangen – wie bei der stationären Gasturbine – sogenannte Superlegierungen mit Nickel oder Kobalt als Hauptlegierungselement zum Einsatz. Sie ertragen hohe Temperaturen und zeigen gutes Ermüdungs- und geringes Rissfortschrittverhalten, Zähigkeit sowie Beständigkeit gegen Hochtemperaturoxidation. Dank Beschichtungen und Luftkühlung können Bauteile aus diesen Werkstoffen sogar bei Umgebungstemperaturen jenseits ihres Schmelzpunkts (etwa 1200 Grad Celsius) eingesetzt werden.

Die höchsten Beanspruchungen durch Fliehkräfte und Temperaturen erlauben gerichtet erstarrte bzw. Einkristall-Schaufeln aus Nickel-Basislegierungen mit Chrom, Kobalt, Wolfram, Tantal sowie Aluminium als weiteren Legierungselementen. Diese weisen hochkomplexe Mikrostrukturen auf und erfordern aufwändige Herstellungsprozesse. Auch hier schützen Wärmedämmschichten sowie Innen- und Filmkühlung die Metalloberfläche der Bauteile vor zu hohen Temperaturen (diese müssen am Metall auf ungefähr 1050 Grad Celsius begrenzt bleiben) und zudem vor Heißgaskorrosion. Solche Schaufeln sind sehr teuer und werden daher nur in den vorderen Stufen der Turbine eingesetzt.

5.3.2 Carbon-faserverstärkten Kunststoff (CFK)

Wenn es um Leichtbau geht, spielen auch Kunststoffe eine wichtige Rolle im Flugzeugbau. Hier sind insbesondere die Carbonfaser-verstärkten Kunststoffe (CFK) von Bedeutung, die halb so viel wie Stahl wiegen, aber genauso fest sind, nicht rosten und im Temperaturbereich minus 60 bis plus 90 Grad Celsius einsetzbar sind. Da sie bislang in Handarbeit gefertigt werden müssen, sind sie zwar noch recht teuer (während ein Kilogramm Stahl rund 80 Cent kostet, kosten ein Kilo CFK mehr als das Zehnfache [35]), in Flügelklappen und Leitwerken aber seit Jahren unentbehrlich.

Abb. 5.10 Bündel von Kohlenstofffasern auf einer Spule. (Bildrechte: 2010 © SGL Group)

Eine Carbon-(also Kohlenstoff)-Faser hat einen Durchmesser von wenigen Mikrometern. Solche Fasern werden aus organischen Ausgangsmaterialien, insbesondere aus Polyacrylnitrilfasern, hergestellt, indem diese bei etwa 1800 Grad in graphitartigen Kohlenstoff umgewandelt werden. Mehrere Tausend dieser Carboneinzelfasern werden zu einem Bündel zusammengefasst (Abb. 5.10). Daraus wiederum werden textilartige Strukturen gefertigt, die schließlich in eine Kunststoffmatrix eingebettet werden.

5.3.3 Kleben statt Schweißen

Technische Produkte bestehen in der Regel aus verschiedenen Bauteilen. Diese müssen zusammen gehalten werden, etwa durch Schweißen, Schrauben oder Nieten. Durch die Hitze beim Schweißen oder die beim Schrauben oder Nieten entstehenden Löcher werden die Bauteile jedoch geschwächt. Dünne Bleche lassen sich ohnehin nur schwer schweißen, und das Gewicht der Schrauben und Nieten würde man gerne einsparen. Eine Fügetechnik, die Leichtbau erleichtert, ist das Kleben. Die Materialmixe aus Kunststoffen und Verbundwerkstoffen würden anders auch gar nicht zusammen halten.

▶ Für ein Auto werden heute rund 15 Kilogramm Klebstoffe gebraucht, umgekehrt fließt rund ein Sechstel der gesamten Klebstoffproduktion in Fahrzeuge [36].

Je nach Material, Verarbeitung und Anwendung werden verschiedene Klebstoffe eingesetzt – oder müssen neu entwickelt werden: So sind Verarbeitungszeit, optische Eigenschaften (z. B. Transparenz) und Temperaturbeständigkeit relevante Kenngrößen. Zentrale Begriffe für das Kleben selbst sind jedoch Adhäsion und Kohäsion: Klebstoffe müssen einerseits auf der Oberfläche der Fügeteile haften (Adhäsion), anderseits eine innere Festigkeit (Kohäsion) aufweisen.

Flüssige Klebstoffe binden im Spalt ab, verfestigen sich also. Damit es überhaupt zum Zusammenkleben kommt, müssen die Klebstoffe – es handelt sich dabei um Polymere – an den zu fügenden Bauteilen haften und eine stabile Schicht dazwischen bilden. Solch eine Schicht lässt sich erzeugen, indem man den Klebstoff physikalisch oder chemisch abbinden lässt: Im Alleskleber beispielsweise ist der Klebstoff zunächst gelöst. Das Lösungsmittel verdunstet (physikalisches Abbinden) und die Polymere bleiben als Verbindungsschicht zurück. Im sogenannten Sekundenkleber bilden sich die Polymere dagegen erst nach dem Auftragen. Die chemische Reaktion wird durch Wasser (Luftfeuchtigkeit) oder funktionelle Gruppen (Hydroxyl- oder Aminogruppen auf der Oberfläche der zu verbindenden Teile) in Gang gesetzt. Im Zweikomponentenkleber werden die Polymerketten beim Vermischen mit einem Katalysator vernetzt und damit zu einem harten Werkstoff.

Literatur

[32] P. Dahlmann, D. Bartels: Bedeutung der Weiterentwicklung etablierter Werkstoffe, in: H. Höcker (Hg.): Werkstoffe als Motor für Innovationen (acatech DISKUTIERT), Fraunhofer IRB Verlag, Stuttgart 2008, S. 63–80.

[33] Expedition materia, http://www.vditz.de/referenz/expedition-materia/

[34] G. Gottstein: Erwartungen an Studiengänge in Materialwissenschaft und Werkstofftechnik, in: H. Höcker (Hg.): Werkstoffe als Motor für Innovationen (acatech DISKUTIERT), Fraunhofer IRB Verlag, Stuttgart 2008, S. 39–46.

[35] ThyssenKrupp Magazin Sept. 2012, S. 58.

[36] M. Brück: Vom ordinären Kleister zum Hightech-Kleber, Wirtschaftswoche, 13.8.2008.

Qualitätssicherung – und was trotzdem passieren kann

6

Zusammenfassung

Bei der Produktentstehung steht Qualität im Zentrum. Die Technikgeschichte kennt freilich zahlreiche Fälle, in denen die Qualitätssicherung nicht genügte. An Beispielen spektakulärer Schadensfälle wird dargestellt, wie die daraus gewonnenen Erkenntnisse zur Weiterentwicklung der Technik beigetragen haben. Zudem werden Ursachen aufgezeigt, warum sich Werkstoffeigenschaften durch den Betrieb ändern können.

6.1 Wie Qualität entsteht

„Produktqualität ist immer eines der wichtigsten Anliegen in der Herstellung gewesen, da sie direkt die Marktfähigkeit eines Produkts und die Kundenzufriedenheit beeinflusst." [37] Unter Qualität versteht man die Gesamtheit von Merkmalen einer Einheit bezüglich ihrer Eignung, festgelegte und vorausgesetzte Erfordernisse zu erfüllen. So beschreibt es die internationale Norm DIN EN ISO 8402:1995:08. Sie muss in jeder Stufe des Produktlebenslaufes vom Entwurf bis zur Außerbetriebnahme gewährleistet sein (vergleiche Abb. 1.3 in Abschn. 1.1). Die Qualität des Produkts wird vom Auftraggeber in Liefervorschriften und Spezifikationen vorgeschrieben.

M.-D. Weitze, C. Berger, *Werkstoffe*, Technik im Fokus,   137
DOI 10.1007/978-3-642-29541-6_6, © Springer-Verlag Berlin Heidelberg 2013

6.1.1   Qualitätssicherung und Akkreditierung

Der *Qualitätssicherung* kommt eine große Bedeutung zu. In einer Dokumentation sind die Qualitätssicherungsmaßnahmen bis hin zu Prüfungen durch Sachverständige und Prüfern des Auftraggebers in Prüfzeugnissen zu belegen und dem Auftraggeber und seinen Kunden zur Verfügung zu stellen. Ein Hersteller legt in seinem *Qualitätsmanagement-System (QM-System)* alle Tätigkeiten, Ziele und Verantwortlichkeiten in der Organisationsstruktur fest sowie die Mittel der Qualitätsplanung, -umsetzung, -sicherung, -kontrolle, -verbesserung und -verwirklichung.

Die *Zertifizierung* des QM-Systems eines Unternehmens erfolgt durch unparteiische Experten und zeigt Abweichungen von den vorgegebenen Anforderungen auf oder bestätigt deren Erfüllung. Das Vorgehen ist in der international verbindlichen ISO 9000-Normenreihe festgeschrieben. Dabei wird der Qualitätsprozess und nicht das Produkt zertifiziert. Bei der Akkreditierung, z. B. nach ISO 17025 für Laboratorien, wird über die Erfüllung der QM-Anforderungen hinaus die Kompetenz des Betriebes bestätigt, z. B. zur Durchführung bestimmter Werkstoffprüfungen. Die Akkreditierungsurkunde ist befristet auf fünf Jahre und wird nach jeder (Re)Akkreditierung neu ausgestellt. In Deutschland regelt die *Deutsche Akkreditierungsstelle* (DAkks) die Vorgehensweisen, benennt die Experten, stellt die Urkunden aus und die damit verbundenen Kosten in Rechnung. Sie ist vom Bundesministerium für Wirtschaft und Technologie beauftragt und arbeitet für Wirtschaft, Verbände, Wissenschaftsorganisationen und auch für Krankenhäuser, Arztpraxen und individuelle Personen. Akkreditierungen werden in der Regel weltweit anerkannt.

In der Regel ist die Akkreditierung zum Nachweis der Kompetenz und des funktionierenden Qualitätsmanagementsystems freiwillig. Die Akkreditierung ist für sicherheitsrelevante Erzeugnisse Pflicht. Im *gesetzlich geregelten Bereich* gilt dies für überwachte Bauprodukte wie z. B. Dampfkessel, Druckbehälter, Beton oder Betonteile, Spannstähle, Verbindungselemente für den Stahlbau, Kunststoffrohre, Fenster oder auch für eine Reihe von Medizinprodukten wie z. B. Katheder und Kondome. Seit den 1990er Jahren gibt es die Normenreihe der ISO 14.000, die sich auf das Umweltmanagementsystem beziehen. Es befasst sich mit der Art und Weise wie die Aktivitäten einer Organisation die Umwelt über die Produktlebenszeit hinaus beeinflussen und ist von zunehmend großer Bedeutung im Qualitätssicherungsprozess.

6.1.2 Qualitätsprüfung bei der Fertigung

Im Lebenslauf eines Produktes gibt es eine Reihe von qualitätswirksamen Tätigkeiten. Da ca. 75 Prozent der Fehler bzw. Mängel vor allem in der Konstruktions- und Fertigungsphase eines Produktes entstehen, ist diesem Bereich besondere Aufmerksamkeit bei der Qualitätsüberwachung zu widmen. Je später die Fehler entdeckt werden, umso höher sind die Kosten zu ihrer Beseitigung – insbesondere bei Funktionsausfällen, Rückrufaktionen oder gravierenden Schäden, die sich auch negativ auf das Ansehen des Unternehmens auswirken können.

Eine entscheidende Rolle bei der Qualitätsüberwachung spielen die Prozesskontrolle und Qualitätsprüfung. Die Produkte können vollständig, in Stichproben oder nach bestimmten Auswahlprinzipien geprüft werden. Dabei dienen die Qualitätsprüfungen während der Fertigung zur Regelung der Prozesse und die Endprüfung dem Nachweis der geforderten Qualitätsmerkmale.

Bei der Qualitätsprüfung sind folgende Prüfungen möglich:

- Geometrische Prüfungen der Maße, Formen, Oberflächenrauhigkeit
- Werkstoffprüfungen wie z. B.
  - Härtemessung zur Kontrolle der Wärmebehandlung z. B. Härtetiefenverlauf,
  - Analyse der chemischen Zusammensetzung,
  - Prüfung auf Festigkeit, Verformungsfähigkeit, Zähigkeit, Schwingfestigkeit (z. B. von Turbinenschaufeln),
- Eigenspannungsmessungen zur Kontrolle der Wärmebehandlung oder der Fertigungsmaßnahmen z. B. nach einer Randschichtverfestigung,
- Haftfestigkeit von Beschichtungen,

- Metallographische Untersuchungen zur Überprüfung des Gefügeaufbaus, beispielsweise Größe und Verteilung nichtmetallischer Einschlüsse zur Bestimmung des Reinheitsgrades,
- zerstörungsfreie Prüfungen an Oberflächen und im Volumen auf Risse und Inhomogenitäten,
- Belastungsversuche mit Verformungsmessungen von Tragwerken,
- Funktionsprüfungen von Maschinenelementen, Aggregaten, Chips.

Bereits während des Fertigungsprozesses werden die Ergebnisse der vereinbarten Qualitätssicherungsmaßnahmen mit den geforderten Eigenschaftsprofilen verglichen. Bei Abweichungen von den geforderten Werten wird entweder ein Toleranzantrag gestellt oder das Teil zum Ausschuss erklärt. Da mit einem Ausschuss des Produkts häufig deutliche Lieferzeitverzögerungen und erhöhte Kosten verbunden sind, sind Tolerierungen sinnvoll. Dabei prüft der Besteller die Abweichungen unter Berücksichtigung der speziellen Einsatzbedingungen individuell auf Zulässigkeit. Im Zusammenhang damit werden meist gleichzeitig Maßnahmen zur Qualitätsverbesserung diskutiert und vereinbart. In Prüfbescheinigungen oder Abnahmeprüfzeugnissen werden alle Ergebnisse einschließlich der Tolerierungen dokumentiert.

Auf der andren Seite gibt es aber auch bei Massenfertigungen, z. B. bei Chips oder Schrauben den Wunsch nach „Null Fehlern". Dies bedeutet sehr hohe Fertigungsstandards mit umfangreicher Qualitätssicherung.

▶ Qualität kann man nicht durch Prüfen erreichen, man muss sie herstellen. Sachverständige Kontrollen durch Unabhängige sind jedoch unerlässlich.

6.1.3   Wie Qualität geprüft wird: Das Beispiel zerstörungsfreie Prüfung

Die Entdeckung der Röntgenstrahlen und die Verwendung von Ultraschallwellen zur Durchdringung von Festkörpern sowie die Magnetisierbarkeit von einigen Metallen insbesondere von ferritischen Stählen führten in den vergangenen einhundert Jahren zur Entwicklung und Anwendung der zerstörungsfreien Werkstoffprüfung. Mit Hilfe der zerstörungsfreien Prüfung ist es möglich, potentiell kritische Fehlstellen im Innern und an der Oberfläche von Bauteilen zu finden, ohne es zu zerstören. Sie ist bei der Qualitätssicherung während der Produktherstellung ein wichtiges Instrument, um herstellungsbedingte Fehlstellen zu entdecken und ebenso bei der Instandhaltung, um eventuelle betriebsbedingte Risse zu finden. Wie kaum bei einer anderen Prüftechnik hat sich der Erkenntniszuwachs durch Forschung und Entwicklung und durch die Notwendigkeit, bei hochbeanspruchten Bauteilen Inhomogenitäten in kritischen Werkstoffbereichen zu erkennen und Schäden zu vermeiden, auf das Tempo der Verfahrensentwicklung und die Qualität der Fehleranalyse ausgewirkt.

Die *Strahlenverfahren* mit Hilfe *von Röntgen- und Gammastrahlung* nutzen die physikalischen Wechselwirkungen von elektromagnetischer Strahlung mit Festkörpern. Die elektromagnetischen Wellen haben ein sehr gutes Durchdringungsvermögen von Festkörpern, das jedoch mit zunehmendem Atomgewicht abnimmt. Blei ist nahezu undurchlässig. Bei Stahl ist eine Röntgendurchleuchtung mit Röntgenröhren bis zu 50 Millimeter dicke Wanddicken und mit hochenergetischer Röntgenstrahlung bis zu 500 Millimeter möglich. Mit der durch Kernzerfall, z. B. bei einem Kobaltisotop, erzeugten Gammastrahlung können mitunter 200 Millimeter Wanddicken durchstrahlt werden. Mit Hilfe eines photographischen Schattenbildes (Röntgenaufnahme) werden Strukturunterschiede bzw. Inhomogenitäten durch Grautöne, bzw. nach einer Bildverarbeitung durch Farbunterschiede dargestellt. Damit können ihre Lage, Größe und Form bestimmt werden. Dadurch sind Rückschlüsse auf ihre Ursache und mögliche Behebung durch einen veränderten Herstellungsprozess des Bauteils bzw. Verringerung der Beanspruchung und die Verbesserung der Produktqualität möglich. Die mit den Strahlenverfahren verbundene Radioaktivität und der Strahlenschutz grenzen die Anwendung dieser Verfahren deutlich ein. Sie werden vor allem für die Prüfung von Gussteilen und Schweißverbindungen z. B. bei den im Wasser und unter der Erde verlegten Erdgasrohren eingesetzt.

Eine wesentliche Verbesserung der Fehlererkennbarkeit ermöglicht die *Computertomographie*. Hierbei werden Röntgenstrahlen nacheinan-

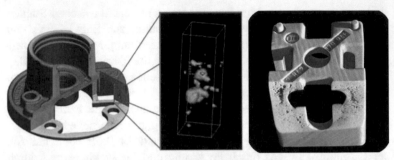

Abb. 6.1 Ein mit der Computer-Tomographie erzeugtes dreidimensionales Bild von Einschlüssen in einem Bauteil (*links* und *mitte*) und von einem Batteriegehäuse (*rechts*), bei dem im Anschnitt Porennester zu erkennen sind [38]. (Bildrechte: BAM, Berlin)

der und in verschiedenen Positionen und Richtungen auf das Prüfobjekt gerichtet und durch Detektoren abgetastet. Wichtig ist, dass jedes Volumenelement mehrmals vom Strahl getroffen wird, so dass es beim späteren Rekonstruktionsprozess zur bildlichen Darstellung in zwei- oder dreidimensionaler Aufnahmeansicht abgebildet werden kann. Ein Computer erzeugt daraus ein Querschnittsbild (Abb. 6.1). Der Vorteil dieser sehr aufwändigen Prüftechnik, die vom Werkstoff abhängig und derzeit noch auf kleine Wanddicken begrenzt ist, ist die räumliche Darstellung der Inhomogenitäten im Bauteilinneren. Diese Technik wird heute schon in der Qualitätssicherung von Aluminium und Magnesium-Gussbauteilen in der Automobilherstellung eingesetzt.

Eine deutliche Erweiterung der Erkennbarkeit von Inhomogenitäten im Bauteilinneren, vor allem bei großen Bauteilvolumen, ermöglicht die *Ultraschallprüfung*. Die Schallwellen breiten sich geradlinig mit hoher Geschwindigkeit aus und werden an Grenzflächen reflektiert. An einer Rückwand (Bauteilbegrenzung) erfolgt eine nahezu vollständige Reflektion. Als Grenzflächen wirken jedoch auch Inhomogenitäten, die der Schallstrahl erfasst und je nach Größe, Art und Form teilweise oder vollständig ablenkt, reflektiert oder schwächt. Aus der Lage und dem Aussehen des Reflektionssignals können Rückschlüsse auf die Art, Größe und Lage und Verteilung der Inhomogenitäten gezogen werden. Übliche Schallfrequenzen für Metalle liegen bei 0,5 bis 20 Mega-Hertz.

Der kleinste erkennbare Fehler ist abhängig von der Wellenlänge und kann bei feinkörnigem Stahl bis zu 0,5 Millimeter Fehlerdurchmesser erreichen. Dies ist eine sehr gute Fehlererkennbarkeit, die je nach Prüftechnik bei Bauteilquerschnitten von bis zu 3,5 Meter erreicht werden kann. Entscheidend ist die Qualität der Ankopplung des schallerzeugenden und -empfangenden Prüfkopfes an das Bauteil, die durch die Kopplungsmittel Wasser, Öl oder Glyzerin verbessert wird, wobei die Bauteiloberfläche möglichst glatt und frei von Verunreinigungen sein muss. Mit Senkrecht- und Winkelprüfköpfen kann eine vollständige Prüfung des Bauteilvolumens und mit spezieller Messtechnik bei Serienbauteilen automatisiert erfolgen und aufgezeichnet werden.

6.2 Aus Schaden wird man klug

Die Gewährleistung der Sicherheit und Verfügbarkeit eines Produktes ist aus Sicht der Ingenieure die wesentliche Herausforderung an Mensch und Technik. Dabei versteht man hier unter Verfügbarkeit, dass beispielsweise ein Motor dann reibungslos funktioniert, wenn man ihn braucht.

Die Geschichte der Technik ist auch eine Geschichte des Versagens, weil gemäß dem momentanen Stand der Wissenschaft und Technik konstruiert, gefertigt und geprüft wurde. Oft konnten neue Entwicklungen nicht ausreichend erprobt werden, weil man die technisch-wissenschaftlichen Zusammenhänge nicht kannte und empirisch Erfahrungen sammeln musste. Diese waren und sind häufig an einzelne Personen gebunden und nicht dokumentiert. Mit Hilfe der Datenverarbeitung wird heute der Wissenszugang für die Entwicklung eines Produkts wesentlich erleichtert und erweitert und steht den Experten zur Anwendung zur Verfügung. Richtlinien, Regelwerke, Normen, Prüf- und Rechenvorschriften, die in zunehmender Masse erstellt wurden und werden, stellen einen wesentlichen Beitrag dar zur Fixierung des aktuellen *Standes der Technik*. Aber nicht nur die empirischen Erfahrungen trugen zum Wissenszuwachs bei, sondern auch die Erfahrungen, die man aus Schäden sammeln konnte. Sie ermöglichten es, die Verfahren der Entwicklung, Konstruktion, Berechnung, Herstellung und Überwachung zu bewerten, um daraus zu lernen und neue Entwicklungen anzustoßen.

6.2.1 Wodurch werden Schäden verursacht?

Eine bedeutende Schadensquelle ist *menschliches Versagen*. Es können Fehler bei der Planung, Konstruktion, Berechnung, Fertigung, Bewertung, Montage und im Werkstoff, aber auch bei der Bedienung oder Instandhaltung gemacht werden. Auf der anderen Seite ist *technisches Versagen* durch Fehler, die im Betrieb auftreten, durch zu große Inspektionsintervalle oder durch ungenügenden Kenntnisstand aber auch durch Fremdeinwirkung oder Naturgewalten möglich.

Die Schadensanalyse beinhaltet eine systematische Untersuchung vom Schadensablauf und der Ursache des Schadens mit dem Ziel, aus dem Ergebnis Maßnahmen gegen eine Wiederholung des Schadens abzuleiten. So sind die Rückwirkungen auf die Konstruktion, Berechnung, Bewertung, Werkstoffauswahl, Fertigung, Prüfverfahren sowie Betriebsbedingungen zu analysieren. Rückrufaktionen oder umfangreiche Prüfungen an bestehenden Anlagen oder der Austausch von Bauteilen können Folgen sein. Oft sind zur Abhilfe Neuentwicklungen erforderlich, die zu einem verbesserten Stand der Technik führen.

Die Entstehung und Erscheinungsform eines Schadens werden entscheidend von der Art der Beanspruchung geprägt. Die Kenntnis sowohl der *Beanspruchung* als auch der *Beanspruchbarkeit* (welche durch die Werkstoffeigenschaften beschrieben wird) ist zur Klärung der Schadensursache nötig. Erfahrungen über die Beeinflussung der Werkstoffeigenschaften durch die Herstellung und Verarbeitung und entsprechende Fehlermöglichkeiten müssen zusätzlich vorhanden sein. Die Beanspruchungen im Betrieb können mechanische, thermische oder chemische Einwirkungen sein. Sie treten oft miteinander kombiniert – daher sehr komplex auf. Darüber hinaus ist der zeitliche Verlauf der Beanspruchung entscheidend. Hier unterscheidet man zwischen ruhenden (statischen), zügigen (langsam zunehmend), schlagartigen (dynamischen), und wechselnden (zyklischen oder schwingenden) Beanspruchungen, die auch in Kombination oder in zeitlicher Reihenfolge mit unterschiedlichen Beanspruchungshöhen und Frequenzen auftreten können.

Aus der Erscheinungsform eines Schadens, z. B. dem Bruchbild, lassen sich Rückschlüsse auf Einflussfaktoren ziehen. Jedoch muss nicht immer der Werkstoffzustand für den Schaden verantwortlich sein. Stattdessen sind es neben den bereits oben beschriebenen Ursachen oft

Konstruktions- oder Fertigungsfehler, nicht berücksichtigte Beanspruchungen, unzureichende Lastannahmen und Berechnungsverfahren. Alle diese Aspekte sind bei der Schadensanalyse zu berücksichtigen.

6.2.2 Beispiele zur Schadensanalyse

Am Beispiel von einigen spektakulären Schäden sollen das Vorgehen bei der Schadensanalyse sowie die Erkenntnisgewinne aufgezeigt werden:

6.2.2.1 Die Brücke über den Firth of Tay/Schottland

Eine der größten Katastrophen in der Geschichte des Brückenbaus war der Einsturz der *Brücke über den Firth of Tay* in Schottland 1879. Dabei wurde ein vollbesetzter Eisenbahnzug bei stürmischem Wetter in die Tiefe gerissen. Die Schadensursache waren gießtechnisch verursachte Fehler in den gusseisernen Brückenelementen, die die tragenden Querschnitte schwächten. Es ist möglich, dass sich diese Fehler durch wechselnde Belastungen infolge der Zugüberquerungen vergrößert hatten und damit versagenskritisch wurden. Darüber hinaus waren bei der Berechnung der Beanspruchung die zusätzlichen Windlasten nicht berücksichtigt worden.

Man lernte daraus, dass man bei der Gussteilherstellung die Abgusstechnik verbessern muss, um Fehlstellen zu vermeiden und das Berechnungsverfahren verbessern muss, um alle Beanspruchungen zu erfassen. Damit wurde der Stand der Technik wesentlich verbessert.

6.2.2.2 Luxusdampfer Titanic

Der *Luxusdampfer Titanic* stieß am 13. April 1912 mit einer Geschwindigkeit von ca. 15–20 Knoten (28 bis 37 Kilometer pro Stunde) mit einem drei- bis sechsmal größeren Eisberg zusammen. Es entstand ein ca. 100 Meter langer Riss im Rumpf: Die sechs vorderen Schotten des Schiffs wurden dabei aufgerissen. Über 1500 Menschen ertranken. Obwohl der Kapitän über die Eisberggefahr unterrichtet war, fuhr er mit ungedrosselter Geschwindigkeit weiter, da er annahm, dass das Schiff durch die wasserdichte Unterteilung des Schiffsrumpfes mit abgeschotteten Abteilungen unsinkbar ist. Dies war eine Fehleinschätzung und damit menschliches Versagen.

Abb. 6.2 Rissbildung und -fortschritt führte zu Sprödbruch und dem Auseinander-
brechen ganzer Schiffe

Interessant sind Untersuchungen des Werkstoffes aus dem Schiffs-
rumpf, den Forscher bei einer Expedition zum Schiffswrack 1996 mit-
brachten. Es zeigte sich, dass die chemische Zusammensetzung des
Stahls ähnlich derjenigen von heute eingesetzten Legierungen sind (0,2
Prozent Kohlenstoff, eine Dehngrenze von 193 MPa (Mega-Pascal), eine
Zugfestigkeit von 417 MPa sowie eine Bruchdehnung von 29 Prozent
und Brucheinschnürung von 57 Prozent). Jedoch verursachte das beträchtlich höhere Mangan zu Schwefel-Verhältnis, mit der Ausbildung
vieler Mangan-Sulfid- Einschlüsse, eine deutlich geringere Zähigkeit, die
bereits bei Raumtemperatur zum Sprödbruch bei entsprechender Beanspruchung führt. Bei der Annahme einer Wassertemperatur von minus 2
Grad hat diese Werkstoffauswahl deutlich zum Ausfall beigetragen. Das
Schwesternschiff der Titanic, die Olympic, mit einem ähnlichen Stahl gebaut, hat dagegen mehr als 20 Jahre die Meere ohne Schaden befahren.

Man lernte daraus, dass ein Zusammenstoß mit einem Eisberg bei
hoher Geschwindigkeit zum Zerstören auch von vielen wasserdichten
Abteilungen und damit zum Untergang des ganzen Schiffes führen kann.
Vertrauen in Werkstoffe darf nicht zu Übermut führen: Man kann nie-

Abb. 6.3 Zerbröselnde Schiffe in der Karikatur (Bildrechte: nach H.M. Schnadt)

mals jede Eventualität berücksichtigen. „Unsinkbar" wurde zu einem Synonym menschlicher Hybris.

6.2.2.3 Liberty-Kriegsschiffe

An insgesamt 970 *Liberty-Kriegsschiffen* aus den USA, England und Kanada wurden in der Zeit zwischen 1941 und 1948 ca. 5000 Riss- und Bruchschäden entdeckt. 127 Schiffe waren dadurch schwer beschädigt, elf davon brachen vollständig auseinander (Abb. 6.2, Abb. 6.3). Die Ursachen waren Rissbildungen und Rissfortschritte in Schweißverbindungen des Schiffsrumpfes, die zu sprödem Versagen führten. Auf den Werkstoff nicht abgestimmte Schweißverfahren und niedrige Umgebungstemperaturen hatten zu Rissfortschritt und schließlich zum Bruch geführt. Auch hier zeigten Nachuntersuchungen an den damals eingesetzten Werkstoffen eine geringe Zähigkeit, mit Sprödbruch bei Raumtemperatur.

Man lernte daraus, dass die bis dahin bekannten Prüfverfahren nicht ausreichten, um die Gefährdung von durch die Wärmeeinbringung beim

Schweißen veränderten Werkstoffzonen für Sprödbruch einzuschätzen. Dies führte zur Entwicklung eines neuen Prüfverfahrens, dem sogenannten Pellini-Test.

Der Pellini-Test

Bei diesem Prüfverfahren werden auf Probeplatten aus dem zu überprüfenden Werkstoff Schweißraupen aufgeschweißt und mittig mit einer maschinellen Kerbe versehen. Die Proben werden bei unterschiedlichen Temperaturen mit Hilfe eines Fallgewichts schlagartig einer Dreipunktbiegebeanspruchung unterworfen. Die Temperatur, bei der die Probe bricht, weil der von der Kerbe ausgehende Riss vom Werkstoff nicht mehr aufgefangen wird, ist die sogenannte Sprödbruchtemperatur. Dies gilt aber nur dann, wenn zwei weitere Proben bei einer 5 Grad höheren Temperatur nicht mehr brechen. Mit diesem technologischen Prüfverfahren ist es möglich, die für den Werkstoff kritische Umgebungstemperatur für Sprödbruch zu bestimmen. Mit einem Sicherheitstemperaturzuschlag von 35 Grad definierte man die tiefste zuverlässige Einsatztemperatur des Werkstoffes, bei der es nicht zum Sprödbruchversagen kommt. Das Prüfverfahren wurde international genormt und wird heute noch eingesetzt, um Werkstoffe für geschweißte Bauteile zu beurteilen.

6.2.2.4   Raumfähre Challenger

Die *Raumfähre Challenger* stürzte beim Start am 28. Januar 1986 ab. Eine umfangreiche Schadensanalyse war die Folge, da ohne das Wissen der Schadensursache kein neuer Start der Schwesterfähren erfolgen durfte.

Die Dichtung der linken Feststoffrakete hatte versagt; das verwendete Elastomer für die Dichtung war bei der niedrigen Außentemperatur von 0 Grad spröde geworden und die dynamischen Lasten des Startvorganges beschädigten das Dichtsystem. Heiße Gase konnten entweichen, entzündeten sich und trafen den Flüssigkraftstoffaußentank und die Verbindung zur Fähre.

Man lernte daraus bei solchen Konstruktionen zu berücksichtigen, dass Elastomerdichtungen bei tiefen Temperaturen verspröden können. Durch eine veränderte Konstruktion des Dichtungsbereiches und den Einsatz anderer Werkstoffe wurde dieses Problem beseitigt.

Abb. 6.4 Das größte Teil (mit 24 Tonnen) der geborstenen Niederdruckwelle des Kraftwerks Irsching (Bildrechte: Siemens AG)

6.2.2.5 Turbinenwelle Irsching

Die *Niederdruck-Turbinenwelle im Kraftwerk Irsching* barst am 31. Dezember 1987 beim Wiederanfahren nach zehntägigem Stillstand beim Erreichen der Betriebsdrehzahl von 3000 Umdrehungen pro Minute und zerstörte die Anlage [39]. Die Turbine war 1972 in Betrieb genommen worden und hatte zum Schadenszeitpunkt 57.946 Betriebsstunden bei 110 Starts. Die Temperatur der Welle betrug nach dem langen Stillstand infolge der niedrigen Außentemperatur nur 15 Grad. Sie zerbarst in mehr als 34 Teile, wovon das größte Teil 24 Tonnen wog (Abb. 6.4).

Das Gewicht der Welle betrug insgesamt 71 Tonnen mit einem Durchmesser von 1,76 Meter. Sie war 1969 hergestellt worden und gehörte zu den ersten Wellen mit vergrößertem Wellendurchmesser, da man die Konstruktion zur Steigerung von Leistung und Wirkungsgrad verändert hatte. Das größte Bruchstück zeigte ein außermittig liegendes 509 Millimeter langes Fehlerfeld, welches sich deutlich vom spröden Gewaltbruch abhob.

An der Bruchfläche lässt sich erkennen, dass der Bruch seinen Ausgang vom Fehler B, hatte, dem größten (130 Millimeter in axialer und 65 Millimeter in radialer Richtung) in diesem Fehlerfeld (Abb. 6.5). Die Untersuchungen der Bruchflächen mit dem Rasterelektronenmikroskop bei hohen Vergrößerungen ergaben herstellungsbedingte Werkstofftren-

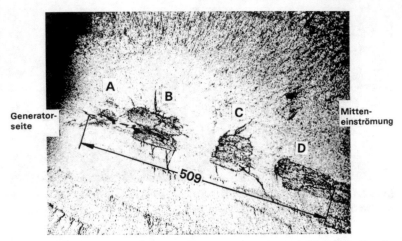

Abb. 6.5 Fehlerfeld im Bruchstück, das nach dem makroskopisch spröden Gewalt-bruch sichtbar wurde (Bildrechte: Siemens AG)

nungen, die von flächenhaft nebeneinanderliegenden Mangansulfideinschlüssen und unvollständig verschmiedeten *Lunkern* (diese Hohlräume entstehen bei der Erstarrung gegossener Teile) gebildet wurden. Alle vier Fehler hatten an den äußeren Begrenzungen helle glatte Säume von 0,5 bis 4,5 Millimeter Ausdehnung, die als Risswachstumssäume gedeutet wurden. Dies war der Nachweis, dass die ehemals abgerundeten Lunkerränder durch Risswachstum infolge der 110 Startvorgänge zu „scharfen" Anrissen ausgebildet und somit aus den Lunkern großflächige Rissfelder generierten. Infolge der relativ niedrigen Werkstofftemperatur während des Kaltstarts von 15 Grad Celsius war die Zähigkeit des Nickel-Chrom-Stahls, dem damaligen Standardwerkstoff für Niederdruckwellen, niedrig und ermöglichte im Zusammenwirken mit der hohen Fliehkraft und den Wärmespannungen der Niederdruckwelle das Versagen durch einen Sprödbruch.

Rastermikroskope machen sogar Atome sichtbar

Im *Rasterelektronenmikroskop* rastert ein feiner Elektronenstrahl die Objektoberfläche ab. Bei einer elektrisch leitenden Oberfläche werden dabei Sekundärelektronen erzeugt, die Punkt für Punkt gemessen und dadurch brillante, plastische Bilder erzeugen.

Das *Rastertunnelmikroskop*, für dessen Entwicklung Gerd Binnig und Heinrich Rohrer 1986 den Nobelpreis für Physik erhalten haben, kann Oberflächen mit atomarer Auflösung untersuchen und gezielt verändern. Eine feine Metallspitze aus Wolfram wird bis auf wenige Nanometer an die Probe gebracht. Bei Anlegen einer geringen Spannung zwischen Probe und Messspitze fließt ein Tunnelstrom, der Signale für die Erzeugung eines topografischen Bildes in atomarer Auflösung liefert.

Im *Rasterkraftmikroskop* wird die Kraft registriert, die auftritt, wenn eine Messspitze über die „Berge" und „Täler" einer Probenoberfläche geführt wird. Hieraus lassen sich – auch von elektrisch nicht leitenden Oberflächen – Bilder in atomarer Auflösung ermitteln [40].

Größte Aufmerksamkeit wurde bei der Schadensanalyse den Fragen gewidmet, wie es zur Entstehung des großen exzentrischen Fehlerfeldes kommen konnte und warum dieses Fehlerfeld bei der nach dem damaligen Stand der Technik ausgeführten Ultraschallprüfung nicht nachweisbar war. Parallel zu dieser Fehleranalyse wurde gemeinsam mit den Kraftwerksbetreibern überprüft, ob vergleichbare unentdeckte Fehlerfelder noch in weiteren Niederdruckwellen vorliegen könnten. Dies führte konsequenter Weise vorsorglich zu nicht eingeplanten Turbinenrevisionen bei mehreren Kraftwerkbetreibern, um den Nachweis der Fehlerfreiheit mit der Ultraschallprüfung zu führen.

Die Fehlerursache der geborstenen Welle konnte auf große Lunker des für die Herstellung der Welle erstmals eingesetzten 300 Tonnen schweren Schmiedeblockes und auf einen zum Verschließen der Lunker unzureichenden Verschmiedungsgrad der Welle zurückgeführt werden.

Zum Zeitpunkt der Herstellung wurde die Welle bei der Qualitätskontrolle beim Schmiedestück-Hersteller nach dem damaligen Stand der

Technik mit Ultraschall geprüft. Ermittelte Ultraschallanzeigen wurden auf kleinere nichtmetallische Einschlüsse zurückgeführt, die im Befundbereich in einer gewissen Anhäufung vorlagen. Bei einer weiteren Ultraschallprüfung mit erweiterter Prüftechnik beim Turbinenhersteller, die gemeinsam mit dem Schmiedestückhersteller vorgenommen wurde, wurde bei einer bestimmten Prüffrequenz eine Rückwandechoschwächung des Schallsignals ermittelt. Aus diesem Grunde wurde die mit den Laufschaufeln fertigmontierte Niederdruckwelle nach dem üblicherweise angewandten Überdrehzahltest im Schleuderprüfstand einer erneuten Ultraschallprüfung unterzogen, um ein eventuelles Zusammenwachsen der vermuteten nichtmetallischen Einschlusse erkennen zu können. Nachdem keine Veränderung der Ultraschallanzeigen festgestellt werden konnte, wurde die Niederdruckwelle für den Turbinenbetrieb freigegeben. Dies war nach dem Stand der Kenntnisse bis zum Zeitpunkt des Versagens der Welle zwar richtig, aber trotzdem eine falsche Interpretation der Ergebnisse der Ultraschallprüfung. Die Existenz derartiger radial/axial orientierter Fehler wurde damals nicht erwartet und konnte auf Grund ihrer außermittigen Lage mit der üblichen radialen Einschallung der Ultraschallwellen nicht gefunden werden.

Man lernte daraus, dass es auch nach langer Betriebszeit noch zum Versagen eines Bauteils kommen kann, weil aufgrund nicht entdeckter kritischer Herstellungsfehlern durch Betriebsbeanspruchung Anrisse entstehen und wachsen können und damit die Voraussetzungen schaffen zur Auslösen eines spröden Spontanbruches. Mit den Methoden der Bruchmechanik zur Bewertung von Fehlstellen in Schmiedestücken kann das Versagen einer Welle genau berechnet werden. Die erfolgreiche Nachrechnung des Schadensablaufes der zu Schaden gekommenen Welle bestätigte diese Bewertungsmethode. Die Methoden der Bruchmechanik wurden erst Anfang der 1970er Jahre in die industrielle Anwendung überführt und gehören seitdem zum Stand der Technik bei der Auslegung von hochbeanspruchten Bauteilen. Das mögliche Risswachstum durch zyklische Betriebsbeanspruchung wird bei Lebensdauerberechnungen berücksichtigt.

Die in der Zwischenzeit deutlich verbesserte Ultraschallprüftechnik der Wellen mit entsprechend angepassten Einschallwinkeln ermöglicht auch den Nachweis exzentrisch liegender Fehlstellen, so dass ein vergleichbarer Schaden zukünftig vermieden werden kann.

Darüber hinaus wurden in einem umfangreichen zehnjährigen Forschungsprogramm von Kraftwerksherstellern, Schmiedestückherstellern und Forschungsinstituten 27 Turbinenwellen und Turbinenscheiben mit herstellungsbedingten Fehlern analysiert, die bei der Ultraschallprüfung entdeckt worden waren, was zu deren Ersatz führte. Anhand von Großproben aus den fehlerbehafteten Bereichen, die unter den relevanten Betriebsbedingungen beansprucht wurden (Zugschwell- und Kriechbeanspruchung), gelang der Nachweis, dass die Mehrzahl der untersuchten Fehlstellen ein rissartiges Verhalten aufweisen. Damit können die Ultraschallanzeigen von natürlichen Fehlstellen in Schmiedestücken bruchmechanisch bewertet werden. Darüber hinaus wurden wesentliche Erkenntnisse bei der Größenbestimmung von Fehlstellen mit den gängigen Ultraschallprüfmethoden in Schmiedestücken gewonnen. Die Ergebnisse und Erkenntnisse wurden publiziert, in entsprechende Regelwerke aufgenommen und erweitern so den Erkenntnisstand der Technik [41].

6.2.2.6   ICE Zugunglück bei Eschede

Auf der Bahnstrecke zwischen Hannover und Hamburg entgleiste am 3. Juni 1998 in der Nähe der niedersächsischen Gemeinde *Eschede* ein *ICE*. 101 Menschen kamen ums Leben. Bei einer Geschwindigkeit von 195 Kilometer pro Stunde brach der gummigefederte Radreifen am hinteren Drehgestell des ersten Wagens hinter dem Triebkopf des Zuges. Der Reifen verkeilte sich im Drehgestell; der Zug fuhr jedoch mit gleicher Geschwindigkeit weiter. Nach weiteren 5 Kilometer verhakte der Reifen sich in der Zunge einer Weiche, die dadurch auf das Nachbargleis umgestellt wurde und den hinteren Zugteil dorthin umlenkte. Dies führte zum Entgleisen und zur Kollision des Zuges mit dem Pfeiler einer Straßenbrücke. Ein Teil des Zuges wurde unter der einstürzenden Brücke begraben.

Umfangreiche Analysen der Deutschen Bahn, dem Radhersteller sowie Experten folgten, um den Schaden zu klären und die sich daraus ergebenen Konsequenzen zu bearbeiten. Der den Unfall auslösende gebrochene Radreifen weist starke Beschädigungen und Verformungen auf, wie das Abb. 6.6 zeigt [42].

Die Bruchfläche (Abb. 6.7, [42]) des gebrochenen Radreifens lässt Linien erkennen, die als Rastlinien eindeutige Merkmale eines Schwingungsbruches sind. Der Schwingungsbruch hatte ca. 80 Prozent des

Abb. 6.6 Der gebrochene Radreifen des ICE (Bildrechte: G. Fischer und V. Grubisic, Darmstadt)

Reifenquerschnittes durchtrennt, bevor der Restgewaltbruch eintrat. Der Schwingungsbruch ging von der am höchsten beanspruchten Radreifeninnenseite aus, die sich im Kontakt mit den Gummielementen des gummigefederten Rades befanden. Die weiteren Untersuchungen ergaben, dass keine Oberflächenfehler und Materialfehler in diesem Bereich vorlagen, so dass von einer sehr langen Rissentstehungsphase mit niedrigen Beanspruchungen ausgegangen werden konnte. Auch die Risswachstumsphase mit – durch die Rastlinien dokumentierten – unregelmäßigen Beanspruchungen erfolgte über lange Zeit hinweg, bis es nach 1,8 Millionen Kilometern (640 Millionen Radumdrehungen) zum Versagen kam. Neben der niedrigen Beanspruchung ermöglichte die relativ hohe Risszähigkeit so eine große Querschnittschwächung, bis das Erreichen der kritischen Spannungsintensität an der Rissspitze zum Gewaltbruch führte. Es bleibt jedoch ungeklärt, warum es zu einem Anriss kommen konnte, denn die umfangreichen Versuche und rechnerischen Analysen konnten keine Ursache dafür finden.

Abb. 6.7 Die Bruchfläche des gebrochenen Radreifens des ICE (Bildrechte: G. Fischer und V. Grubisic, Darmstadt)

Die im Jahr 1998 eingeleitete Strafklage gegen den Betreiber und Hersteller des Rades wurde 2003 im Strafverfahren bearbeitet. 13 Experten aller Parteien beleuchteten die technischen Hintergründe. Dabei konnte aber kein Einverständnis über die maßgebende Schadensursache gefunden werden. Aus den vorliegenden Untersuchungsergebnissen war das Unglück nicht erklärbar, so dass das Gericht das Strafverfahren mit der Begründung einstellte, dass die Schuld der Angeklagten, sofern eine solche überhaupt nachzuweisen sei, mit größter Wahrscheinlichkeit nur gering sein könne, da die bisher vorliegenden Ergebnisse weder Vorsatz noch Fahrlässigkeit erkennen ließen [43].

Man lernte daraus, dass das System gummigefederter Radreifen für Hochgeschwindigkeitsfahrzeuge gegenwärtig nicht ausreichend beherrscht wird; der laufende Bahnbetrieb wurde deshalb auf Vollräder umgestellt. Es wurden zerstörungsfreie Prüfverfahren weiterentwickelt, die in regelmäßigen Inspektionsintervallen die Räder und Radsatzwellen auf das Vorhandensein von Fehlern überprüfen, so dass die Sicherheit und Verfügbarkeit der Züge deutlich verbessert wurde.

▶ Schäden werden sehr oft durch unzureichendes Wissen verursacht, so dass der Erkenntniszuwachs bei deren Analyse den Stand der Technik erweitert und neue Entwicklungen und damit letztlich wieder technischen Fortschritt erzeugt.

6.2.3   Wie kann man Schäden vermeiden?

Prinzipiell gilt grundsätzlich die *Schadensvermeidung*. Neben den beschriebenen Maßnahmen der Qualitätskontrolle kommt dem an die spezifischen Bedingungen der Anlage angepassten *Lebensdauermanagement* eine große Bedeutung zu. Ziele sind die Erhaltung der Funktion der Anlage, des Sicherheitsniveaus und der Wirtschaftlichkeit. Eine Maßnahme dafür ist die *Instandhaltung*, bei der in regelmäßigen Abständen Überprüfungen des Istzustandes der Anlage erfolgen. Heute ist es oft schon möglich, mit Hilfe von Sensoren die Beanspruchungen zu erfassen (Monitoring) und dadurch Rückschlüsse auf die Veränderungen in der Anlage oder individuell in den hochbeanspruchten Werkstoffbereichen zu ziehen um daraus Maßnahmen abzuleiten. Dies erlaubt eine *zustandsorientierte Instandhaltung*. Die Inspektionen beim Personenkraftwagen sind uns vertraut: z. B. der Ölwechsel, der Austausch von Bremsscheiben oder auch der Reifenwechsel. Bei Anlagen in der chemischen Industrie, von Turbinen und Generatoren in Kraftwerken oder von Schmiedepressen sowie von Rädern und Achsen von Zügen und Straßenbahnen, auch von verschieden Komponenten der Flugzeuge, werden die Inspektionsintervalle durch Berechnungen der Lebensdauer mit modernen Analysemethoden und computergestützten Rechenverfahren sowie versuchsbasierten Werkstoffdaten bestimmt.

Zur Inspektion gehören zerstörungsfreie Prüfungen (siehe Abschn. 6.1.3), um eventuell durch die Betriebsbeanspruchung stattgefundene Veränderungen auf der Bauteiloberfläche oder im Bauteilinneren zu erfassen. Aus dem Istzustand werden Rückschlüsse auf die weitere Betriebsweise gezogen. Für die Berechnung der weiteren Lebensdauer werden die aktuellen Werkstoffeigenschaften zugrunde gelegt und nicht die häufig sehr konservativen Auslegungsdaten, mit denen das Bauteil konstruiert wurde. Mit diesem Vorgehen wird jeweils die Sicherheit und Verfügbarkeit der einzelnen Komponenten überprüft und gegebenenfalls auch eine ausgetauscht. Diese zustandsorientierte Instandhaltung setzt ausgeprägte fachliche Kompetenz und eine hohe Eigenverantwortung voraus. Wie die bisherige Erfahrung zeigt, ist es mit ihrer Hilfe oft möglich, Anlagen deutlich über die ursprünglich geplante Lebensdauer hinaus zu betreiben.

6.3 Betriebsbeanspruchungen können Eigenschaften ändern

Es gibt eine Reihe von Einflüssen, die unter Betriebsbeanspruchung zur Veränderung der Werkstoff- bzw. der Bauteileigenschaften und zur Werkstoffschädigung bis hin zum Systemversagen führen können. Dazu gehören thermische, mechanische und chemische Belastungen, ihre zeitlichen Abfolgen und vor allem die Dauer ihrer Einwirkung.

6.3.1 Altern, Kriechen, Ermüdung

Ein von Temperatur und Zeit abhängiger Vorgang ist das sogenannte *Altern*. Die Ursache ist, dass sich Werkstoffe durch Diffusion (also die Bewegung von Atomen im Kristallgitter) verändern können, die wiederum durch Konzentrationsunterschiede angetrieben wird; es braucht dazu keine äußere Krafteinwirkung. Mit steigender Temperatur nimmt die Beweglichkeit der Atome zu und erleichtert die Diffusion. Dadurch kann sich die Korngröße verändern, Phasen (wie z. B. die Karbide in Stählen) können wachsen oder sich auflösen, und neue – ggf. auch unerwünschte – Phasen können entstehen. So kann die Verformungsfähigkeit bzw. Zähigkeit eines Werkstoffes durch sogenannte Sprödphasen deutlich absinken.

Es bestehen mithin Anwendungsgrenztemperaturen, oberhalb derer die Diffusion zu einer deutlichen Änderung der Eigenschaften führt und der Werkstoff seine Festigkeit oder auch Zähigkeit verliert. Diese Temperatur liegt je nach Legierungszusammensetzung beim Aluminium ca. 100 bis 150 Grad und bei Stählen bei ca. 350 bis 450 Grad. Diese als *Übergangstemperatur* bezeichnete Temperatur, oberhalb derer alle Eigenschaften Zeit- und Temperaturabhängig sind, hängt von der Schmelztemperatur und speziellen Legierungselementen ab.

Eine *zusätzliche mechanische Belastung* erleichtert die Diffusionsprozesse und führt zusätzlich zur Veränderung der Gitterbaufehler (den Versetzungen), die sich durch das Kristallgitter bewegen. Bei konstanter Beanspruchung und erhöhter Temperatur beginnt sich der Werkstoff bereits weit unterhalb der Elastizitätsgrenze plastisch zu verformen (*Kriechen*). Die damit verbundene bleibende Verformung kann wesentlich das Bauteilverhalten verändern. Daraus ergeben sich Temperatur- und zeitabhängige und von der Höhe der Belastung beeinflusste Eigenschaften.

Die *Kriechverformung* hat verschiedene physikalische Ursachen. Die Diffusion der Atome verändert die Anordnung der Gitterstörstellen, indem die bei niedrigeren Temperaturen wirkenden Gitterblockaden nun (bei den höheren Temperaturen) überwunden werden und so immer neue Verformungsschritte ermöglichen. Hierbei können stabile, fein verteilte Ausscheidungen sowie die Korngrenzen, die die Gefügestruktur maßgeblich beeinflussen, wesentliche Blockaden bilden. Senkrecht zur Beanspruchung liegende Korngrenzen bieten günstige Bedingungen für die Bildung interkristalliner Poren, auch als Kriechschädigung bezeichnet. Bei weiterer Beanspruchung verbinden sich die Poren zu einem Mikroriss entlang der Korngrenzen. Diese Risse wachsen, bilden Spannungskonzentrationen und verändern die Nettospannung im Querschnitt, so dass der Bruch entlang der Korngrenzen, d. h. interkristallin erfolgt (Abb. 6.8). Dieser Schädigungsprozess wird mit zunehmender Zeit und Temperatur beschleunigt, so dass sich die ertragbare Spannung, die zum Versagen führt, verringert. Die *Zeitstandfestigkeit* beschreibt dieses Verhalten und ist die Festigkeitsgröße, die bei der Lebensdauerberechnung hochtemperaturbeanspruchter Bauteile berücksichtigt werden muss.

Eine *schwingende bzw. zyklische Beanspruchung* (z. B. bei der Bewegung eines Kolbens im Motor oder durch die Umdrehungen einer Turbinenwelle und den zusätzlich überlagerten Beanspruchungen durch das An- und Abfahren der Anlage) verursacht eine weitere wesentliche Werkstoffschädigung: Die *Ermüdung*. Die Anzahl der ertragbaren Schwingspiele bis zum Anriss sind umso geringer, je höher die Bean-

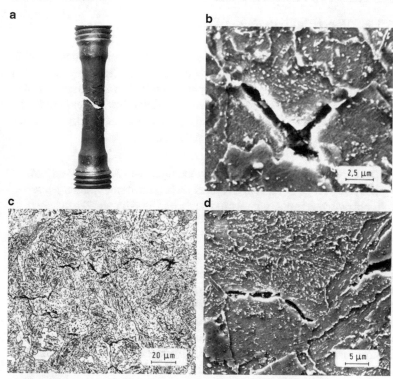

Abb. 6.8 Gebrochene Zeitstandprobe: Es handelt sich um Turbinenwellenstahl, der 68.000 Stunden (über sieben Jahre) beansprucht wurde bei 550 Grad Celsius. Schliff senkrecht zur Bruchfläche in 20 Millimeter Abstand von der Bruchfläche (Bildrechte: A. Scholz, TU Darmstadt)

spruchung durch die Spannungs- oder Dehnungsamplituden und ihre Mittelspannung sowie die Temperaturen sind. Überelastische Verformungen an Spannungskonzentrationen (wie Kerben an Einspannungen oder geometriebedingten Querschnittsveränderungen) verstärken die Schädigung und sind nur begrenzt zulässig. Durch aufwändige Versuche werden diese Veränderungen der Schwingspiele bis zum Anriss oder Bruch in Abhängigkeit der wirkenden Spannungen und Dehnungen bei verschiedenen Temperaturen oder mit Temperaturgradienten gemessen. Sie sind Berechnungsgrundlage bei der Lebensdauerbewertung der Bauteile.

6.3.2   Verschleiß an Oberflächen

Eine andere Veränderung des Werkstoffverhaltens verursachen Oberflächen, die sich relativ zueinander bewegen. Die Oberflächeneigenschaften beeinflussen dabei elementar die stattfindende *Reibung* und den *Verschleiß*, d. h. den daraus resultierenden Materialverlust an der Oberfläche (siehe Abschn. 2.3.3). Dies kann zu einer wesentlichen Werkstoffschädigung aber auch zu gewollten Effekten führen.

▶ Die *Tribologie* umfasst die Wechselwirkungen von *Reibung, Verschleiß und Schmierung*. Sie schließt entsprechende Grenzflächenwirkungen sowohl zwischen Festkörpern als auch zwischen Festkörpern, Flüssigkeiten oder Gasen ein.

In Abhängigkeit von der Art der Bewegung der verschiedenen Reibpartner sind Rollen, Gleiten, Wälzen, Bohren, Stoßen, Prallen, Strömen, Oszillieren oder Schwingen möglich. Dabei beeinflusst der Aggregatzustand der beteiligten Partner die Reibungszahl, die von den Eigenschaften aller am Reibungsvorgang beteiligten Stoffe und von den Beanspruchungsbedingungen abhängt sowie die Flächenpressung, Beanspruchungsgeschwindigkeit und Temperatur. Ist der Schmierfilm zwischen den aneinander reibenden Partnern nicht dick genug, so entstehen als Folge der Beanspruchung kleine Teilchen als Verschleißpartikel.

Verschleißmechanismen
Bei der *Abrasion* erfolgt Ritzung, Mikrospannung, Mikrobrechen oder Mikropflügung der Oberfläche durch einen härteren Gegenkörper oder härtere Partikel im Zwischenstoff. Diesen Mechanismus nutzt man bei der mechanischen Bearbeitung von Oberflächen beispielsweise durch Fräsen oder Drehen. Die Abrasion kann jedoch zu sehr hohen Materialverlusten beim Transport und der Verarbeitung mineralischer Stoffe führen. Bei der *Adhäsion* kommt es zur Ausbildung von Grenzflächen- Haftverbindungen im Kontaktbereich auf atomarer Ebene. Durch die Relativbewegung der

Abb. 6.9 Zahnflanke mit Grübchen (Pittings) infolge Oberflächenzerrüttung bei der Wälzbeanspruchung (Bildrechte: TU Darmstadt)

Partner kommt es zum Materialübertrag, der oft mit einer verstärkten Aufrauhung der Oberfläche verbunden ist. Sie ist die Ursache für das gefürchtete „Fressen" von Gleit- oder Wälzpaarungen, welches zum spontanen Ausfall der Anlage führen kann. Bei der *Oberflächenzerrüttung* kommt es durch die schwingende Beanspruchung wie beim Rollen, Wälzen, Gleiten, Prallen zur Mikrorissbildung und -wachstum und damit zum Herausbrechen von Werkstoffbereichen, den Verschleißpartikeln, die sich durch die Bewegung entfernen und Löcher oder Grübchen zurücklassen. Diese sind bei Zahnrädern infolge von Rollen und Gleiten gefürchtet und führen zur Verminderung der Tragfläche und zu verstärkten Geräuschentwicklungen (Abb. 6.9).

Bei der *tribochemischen Reaktion* werden auf den beanspruchten Werkstoffoberflächen durch chemische Reaktion der beteiligten Partner Reaktionsprodukte (z. B. Oxide oder auch Schichten) gebildet. Wenn diese härter als der Grundwerkstoff sind, können sie Abrasion verursachen; sind sie weicher, können sie einen Schmiereffekt erzeugen.

Die Verschleißmechanismen treten im Allgemeinen überlagert auf, z. B. wirken alle vier Mechanismen gleichzeitig bei Zahnradgetrieben, Wälzlagern, Passungen, Bremsen, Werkzeugen der Zerspanungs- und Umformtechnik, im System des Kontaktes Rad-Schiene. Sie verursachen durch den Materialabtrag einen hohen volkswirtschaftlichen Schaden durch Ausfall der Anlagen bzw. durch kontinuierlich notwendige Instandhaltungsmaßnahmen mit rechtzeitigem Austausch der betroffenen Werkstoffbereiche, wobei Abhilfemaßnahmen nur zum Teil möglich sind.

6.3.3 Einfluss der Umgebung

Die Umgebung gestaltet die Veränderung der Beanspruchbarkeit der Werkstoffe und damit der Bauteile sehr komplex, da sowohl die Art der Umgebung, d. h. des wirkenden Mediums als auch der Werkstoff und die Art der Beanspruchung die Schädigung bestimmen. Durch die Umgebung, d. h. die Einwirkung von festen, flüssigen oder gasförmigen Medien, kann es zu *chemisch und physikalisch beeinflussten Veränderungen* der Eigenschaften kommen. Diese als *Korrosion* bezeichnete Erscheinung kann die Funktion des Bauteils beeinflussen. Dies gilt nicht nur für Metalle sondern auch für natürliche Werkstoffe, z. B. Holz oder Leder, auch für Kunststoffe, Gläser, Keramik, Beton. Bei allen Angaben über das Korrosionsverhalten muss die Wechselwirkung des Werkstoffes mit dem Medium und der Beanspruchung berücksichtigt werden. Die Reaktionen der Werkstoffe mit ihrer Umgebung werden vor allem durch Phasengrenzreaktionen an der Bauteiloberfläche beeinflusst. Diese bestimmen die Korrosionsmechanismen. Die *chemische Reaktion* beim Zusammentreffen mit reaktionsfähigen Gasen wie z. B. Sauerstoff in der Luft, Schwefelwasserstoff aus der Vergärung, Schwefeldioxid aus der Verbrennung führt zum Oxidieren, zum Zundern oder auch Sulfidieren.

Wasserstoffversprödung

Wasserstoff kann für Metalle gefährlich werden. Wasserstoff kann z. B. beim Erschmelzen, Schweißen, Beizen und auch aus dem Korrosionsprozess entstehen. Es ist das Element mit dem kleinsten Atomdurchmesser, diffundiert mit hoher Geschwindigkeit in die für Wasserstoff energetisch günstigen Bereiche und findet auf allen Zwischengitterplätzen und atomaren Fehlanordnungen Platz. Durch Anhäufungen von Wasserstoffatomen entsteht ein innerer Druck, der die Bildung von Rissen auslösen kann. Die führt zur Druckwasserstoffschädigung insbesondere bei hochfesten (insbesondere martensitischen Stählen) oder auch zur sogenannten Wasserstoffkrankheit von bestimmten Kupferlegierungen.

Das Zusammentreffen mit elektrolytisch leitenden Medien wie z. B. wässrige Lösungen oder Salzschmelzen führt zu *elektrochemischen Reaktionen*, dem häufigsten Korrosionsmechanismus. Hierbei sind eine anodische und eine kathodische Fläche durch ein elektronenleitendes Medium, dem Elektrolyten, miteinander verbunden. Dabei gehen die positiv geladenen Metallionen der Anode in Lösung, wobei entsprechend viele Elektronen im Metall freigesetzt werden und sich die positiv geladenen Ionen aus dem Elektrolyten an der Metalloberfläche der Kathode entladen. Hierbei fließt ein Korrosionsstrom, der im Metall als Elektronenstrom und im Elektrolyt als entgegengesetzter Ionenstrom wirkt. Als Anode wird der jeweils „unedlere" Werkstoffbereich in der Metalloberfläche oder Werkstoff bei einer Bauteilpaarung (z. B. Schraubverbindung) bezeichnet, der sich auflöst; die Kathoden sind die jeweils „edleren" Werkstoffbereiche oder Werkstoffe. Dieser Korrosionsstrom kommt nicht zum Stillstand, da Inhomogenitäten im Gefüge oder im Medium das Gleichgewicht zwischen Elektronen und Ionen häufig stören und die weitere Auflösung des Werkstoffes fördern.

Die *Korrosionserscheinungen* und ihre Auswirkungen auf die Schädigungen können sehr unterschiedlich sein. Bei der *flächigen Korrosion* wird die gesamte Werkstoffoberfläche relativ gleichmäßig abgetragen (Abb. 6.10b). Durch diesen Flächenabtrag können Dickenänderungen zwischen 0,01 (Landluft) und 0,1 (Industrieluft) sowie bis 0,3 Millimeter pro Jahr (Meeresklima mit zusätzlichem Natriumchlorid) auftreten. Die Bildung solcher Rostbeläge verringert die Korrosionsgeschwindigkeit

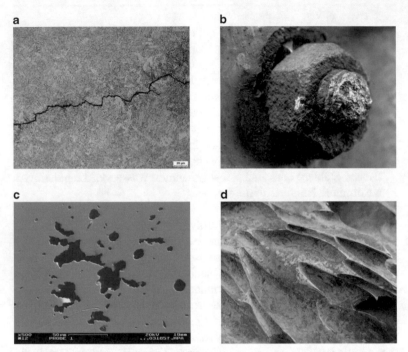

Abb. 6.10   Erscheinungsformen der Korrosion: **a** Spannungsrisskorrosion, **b** flächige Korrosion, **c** Lochkorrosion, **d** Erosionskorrosion. (Bildrechte: TU Darmstadt)

mit zunehmender Beanspruchungsdauer. Dabei wechseln sich anodische und kathodische Teilbereiche ständig ab. Dieser Mechanismus wirkt vor allem bei unlegierten oder niedrig legierten Stählen in feuchter Atmosphäre oder wässrigen Lösungen, da sie in diesen Medien im Gegensatz zu Nickel oder höherlegierten Stählen (mit mehr als 13 Prozent Chrom) keine Passivschichten ausbilden.

Mit Sauerstoff reaktionsfreudige Metalle wie z. B. Chrom, Nickel, Aluminium, Titan, Zink, Tantal, Kobalt sowie mit Chrom hochlegierte Stähle bilden auf der Oberfläche sehr dünne und haftfeste oxidähnliche Schichten, die man als *Passivschichten* (siehe Abschn. 2.3.3) bezeichnet. Nach Zerstörung durch mechanische oder tribologische Beanspruchung können diese Schichten durch erneute Oxidation selbst heilen, abhängig von der Art des Metalls, dem pH-Wert des Mediums und von der Art und Konzentration der im Medium gelösten Ionen (*Repassivierung*). Dieser Prozess jedoch wird beispielsweise bei höheren Chloridmengen und auch durch Verunreinigungen verhindert. Bei teilweise verunreinigten Werkstoffoberflächen, z. B. durch Schlamm oder porösen Farb- oder Ölschichten, fungiert der bedeckte Bereich aufgrund der Sauerstoffverarmung als Anode während die gut benetzte Oberfläche die Kathode bildet. Es kommt zur örtlichen Zerstörung der oxidischen Schutzschicht, der so genannten *Lochkorrosion*, die sich relativ schnell in die Tiefe ausdehnen kann, abhängig von den Bedingungen mit mehr als 2 Millimeter pro Jahr, bis zum möglichen Wanddurchbruch (Abb. 6.10c).

In konstruktionsbedingten engen Spalten z. B. in Nuten oder bei Stift- und Nietverbindungen ist der Elektrolytaustausch behindert und es kann zu Aufkonzentrationen der korrosionsfördernden Substanzen, d. h. zur *Spaltkorrosion* kommen. Bei austenitischen Chrom- Nickel- Stählen können chloridhaltige Medien in Spalten unter 1 Millimeter Breite Korrosionsgeschwindigkeiten über 0,5 Millimeter pro Jahr erzeugen. Spaltkorrosion kann auch dann auftreten, wenn einer der Partnerflächen nichtmetallisch ist. Dies ist z. B. bei Dichtungen möglich.

Eine weitere Gefährdung stellt die *interkristalline Korrosion* dar. Wenn entlang der Korngrenze geringer korrosionsbeständigere Phasen ausgeschieden wurden, wirken diese als Anode und werden bevorzugt angegriffen, so dass sich die Korrosion entlang der Korngrenzen in den Werkstoff ausbreitet. Empfindlich für diesen Mechanismus sind Aluminium-Magnesium-Legierungen oder Messing mit entsprechenden Ausscheidungen auf den Korngrenzen und auch Schweißverbindungen von nichtrostenden Chrom bzw. Chrom-Nickel-Stählen. Beim Schweißen werden beim Abkühlen Chromkarbide auf den Korngrenzen gebildet, so dass die Umgebung nahe an den Korngrenzen an Chrom verarmt und damit unedler wird.

Bruch einer Fahrrad-Tretkurbel

Es wurde die Schadensursache des Bruches einer Fahrrad- Tretkurbel gesucht (Abb. 6.11). Die übliche Beanspruchung einer Fahrradkurbel ist eine Biege-Zug-Wechselbeanspruchung, und zwar durch das Treten der Fußpedale. Die Einsatzdauer der Kurbel ist in diesem Fall unbekannt. Die chemische Analyse ergab eine Standard-

Aluminiumlegierung mit Magnesium und Silizium ohne signifikante Verunreinigungen. Die Bruchflächenuntersuchung mit dem Raster-elektronenmikroskop (Abb. 6.12) zeigt fächerförmige Bruchbahnen, ebenfalls im Bruchfortschritt die Schwingstreifen, die durch wiederholte Lastwechsel entstanden sind. Nach Erreichen der kritischen Risslänge, die von der Zähigkeit des Werkstoffes abhängt, kam es zum Gewaltbruch der Gabel. Dieser Bereich ist durch einen wabenförmigen Verformungsbruch charakterisiert.

Die eigentliche Schadensursache wurde erst durch eine metallographische Gefügeuntersuchung aufgeklärt: Im Querschliff der Pedale in der Nähe des Rissausgangs wurden an der Oberfläche Bereiche mit interkristalliner Korrosion bis in 0,08 Millimeter Tiefe entdeckt, die den Rissausgang für den Schwingungsbruch bildeten (Abb. 6.13). Diese Aluminium- Legierung war ein für interkristalline Korrosion anfälliger Werkstoff, so dass vermutlich durch Streusalz im Schneematsch die Schädigung entstand und das Risswachstum durch Schwingungs-

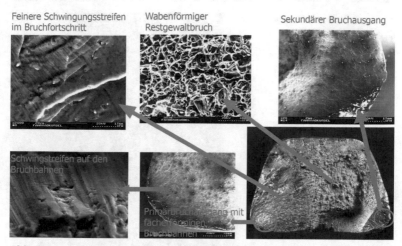

Feinere Schwingungsstreifen im Bruchfortschritt

Wabenförmiger Restgewaltbruch

Sekundärer Bruchausgang

Schwingstreifen auf den Bruchbahnen

Primärbruchausgang mit fächerförmigen Bruchbahnen

Abb. 6.12 Untersuchungsergebnisse zur gebrochenen Fahrradkurbel: Aus Werkstoffbestimmung, Bruchflächen- und Gefügeuntersuchung ergibt sich die Schadensursache (Bildrechte: TU Darmstadt)

risskorrosion verstärkt wurde. Der Werkstoff war hier mithin falsch ausgewählt worden.

Wirkt zusätzlich zur korrosiven eine mechanische Beanspruchung von außen oder auch durch Temperaturänderungen erzeugte Zugdehnungen und damit Zugspannungen oder durch Zugeigenspannungen im Werkstoff, die z. B. durch Schweißen oder plastische Verformungen in gekerbten Bereichen entstehen, dann können die damit einhergehenden Versetzungsbewegungen entlang von Gleitbändern die Oberfläche verändern. Dadurch wird die Passivschicht verletzt und es entsteht eine aktive Anode. Der Korrosionsangriff folgt dem Gleitband in den Werkstoff. So entsteht die *transkristalline Spannungsrisskorrosion*, häufig bei hochlegierten Chrom-Nickel-Legierungen. Bei niedrig legierten Nickel-Chrom-Vergütungsstählen kann es auch zur *interkristallinen Spannungsrisskorrosion* kommen (Abb. 6.10a) Es entstehen dadurch weitgehend verformungsarme Werkstofftrennungen, die oft erst bei Behälterleckagen oder Bruch eines Bauteils erkannt werden. Die Rissbildung wird erleichtert, wenn an der Oberfläche ggf. schon Lochkorrosionsstel-

Abb. 6.13 Die metallografische Untersuchung des Bruchausgangs zeigt interkristalline Korrosion als Schadensursache. (Bildrechte: TU Darmstadt)

Interkristalline Korrosion bis 80µm Tiefe am Rand der Achse (Querschliff)

100 µm

len oder mechanische Beschädigungen vorhanden sind, die als Spannungskonzentrationen die örtliche Beanspruchung erhöhen und damit die Rissbildung erleichtern. Die Wechselwirkung des Werkstoffzustandes, des Umgebungsmediums und der Beanspruchung bestimmt diesen Korrosionsmechanismus. Bei überlagerter schwingender Beanspruchung bezeichnet man diesen Korrosionsmechanismus als *Schwingungsrisskorrosion*. Hierbei beeinflusst die Frequenz der Lastwechsel die Mechanismen. Bei kleiner Frequenz bestimmen die Korrosionsvorgänge das Risswachstum; bei hohen Frequenzen dominiert die Ermüdungsschädigung. Diese komplexe Beanspruchung kann jeden metallischen Werkstoff in einem Elektrolytmedium schädigen! Es gibt keinen stabilen Zustand in Form einer Dauerfestigkeit. Die Schädigung wird auch bei sehr kleinen Spannungsamplituden und hohen Schwingspielzahlen und damit verbundenen langen Zeiten erzeugt, die man als *Korrosions-zeitfestigkeit* bezeichnet. Überhaupt sind die Dauer der Einwirkung der korrosiven Medien neben der Höhe der Beanspruchung die entscheidenden Faktoren bei der korrosiven Schädigung.

Als weitere Korrosionsarten, die in Verbindung mit mechanischer Beanspruchung auftreten können, sind die Verschleiß- oder Tribokorrosion in Form von *Erosions-, Kavitations- und Reibkorrosion* von Bedeutung. Der durch Verschleiß erzeugte fortschreitende Materialabtrag durch Kontakt und Relativbewegung eines Festkörpers mit einem festen, flüssigen oder gasförmigen Gegenkörper wird durch die korrosiven Schädigungen verstärkt. Mehrphasige Flüssigkeiten, z. B. beim Transport von Feststoffen im Wasser in Pumpen oder Rohren, erzeugen eine abrasive mechanische Beanspruchung an den Innenseiten der Wände oder einem Pumpenlaufrad, wodurch Passivschichten oder andere schützende Deckschichten zerstört werden, was zur Erosionskorrosion führen kann (Abb. 6.10d). Bei der Reibkorrosion ist die oszillierende Bewegung zweier Festkörper schädigend, indem sehr kleine Ermüdungsanrisse gebildet werden. Die dabei entstehenden metallischen Verschleißpartikel reagieren mit dem umgebenden Medium und erzeugen auf der Oberfläche Grübchen, die Ausgang für eine Schwingungsrisskorrosion sein können.

Rund ein Fünftel der Korrosionsschäden werden durch Mikroorganismen beeinflusst (*mikrobiologische Korrosion*). Bei Anlagen im Meereswasser, z. B. im Hafenbecken, an Schiffsrümpfen, Offshore-Anlagen oder im petrochemischen Bereich, ist die Gefährdung für diese Korrosionsart sehr hoch. Nahezu alle Werkstoffe können davon betroffen werden. Dabei kann die Korrosion durch Bakterien, Algen, Pilze oder Flechten infolge von Belagbildung (Biofilm) bzw. saurer Stoffwechselprodukte ausgelöst werden. Loch- und Spaltkorrosion können die Folge sein. Bei Vorliegen einer mechanischen Beanspruchung kann es auch zur Spannungsrisskorrosion kommen.

6.3.4 Erhalt der Funktionsfähigkeit

Alle hier beschriebenen vielfältigen Beanspruchungen können bei Unkenntnis die Funktionsfähigkeit und die Betriebssicherheit von Bauteilen, Geräten und Anlagen begrenzen und zur Einschränkung ihrer Verfügbarkeit und der Lebensdauer führen. Sie verursachen einen hohen volkswirtschaftlichen Schaden bzw. bedingen hohe Vorsorgeaufwendungen zur Schadensvermeidung mit Hilfe von Inspektionen, Reparaturen, Bauteilaustausch. Mit Kenntnis und Berücksichtigung dieser beanspruchungsbedingten Schädigungsmechanismen, die nur durch umfangreiche Analysen und Prüfungen zu erfassen sind, sind eine geeignete Werkstoffauswahl, verbesserte Werkstoffe oder Werkstoffkombinationen, optimierte Herstellprozesse, entsprechende Oberflächenschutzsysteme, beanspruchungsgerechte Konstruktionen bzw. optimierte Beanspruchungen möglich, um funktionale, ökonomische und ökologisch gerechte Produkte herzustellen.

Materialwissenschaftler und Werkstofftechniker, Werkstoff- und Bauteilhersteller, Konstrukteure und Berechner sowie die zukünftigen Betreiber und Nutzer der Produkte bis zum Vertrieb sind dabei zur Zusammenarbeit aufgefordert, um in allen Produktlebensphasen alle Möglichkeiten, die die einzelnen Entwicklungen bzw. Eigenschaftsprofile ermöglichen, zu nutzen.

Literatur

[37] S. Kalpakjian, S.S. Schmid, E. Werner: Werkstofftechnik: Herstellung, Verarbeitung, Fertigung, Pearson Studium, 5. Aufl. 2011.

[38] A. Erhard, Zerstörungsfreie Materialprüfung – Grundlagen, demnächst im DVS- Verlag, Düsseldorf.

[39] J. Ewald, C. Berger, G. Röttger, A.W. Schmitz: Untersuchungen an einer geborstenen Niederdruckwelle. VGB- Werkstofftagung, Essen, März 1989.

[40] M.-D. Weitze: Das Rasterkraftmikroskop, GNT-Verlag, Berlin u. a. 2003.

[41] FKM Richtlinie „Bruchmechanischer Festigkeitsnachweis" (VDMA, Frankfurt); K. H. Mayer, C. Berger, C. Gerdes, T. Kern und K. Maile: Einfluss von Fehlstellen auf die Gebrauchseigenschaften von Wellen und Gehäusen von Dampfturbinen, VGB- Konferenz „Werkstoffe und Schweißtechnik im Kraftwerk 1996", Cottbus 8./9. Oktober 1996.

[42] G. Fischer, V. Grubisic: Praxisrelevante Bewertung des Radbruches vom ICE 884 in Eschede, Materialwissenschaft und Werkstofftechnik 2007, 38, Nr. 10, S. 789–801.

[43] V. Esslinger, R. Kieselbach, R. Koller, B. Weisse: Der Radreifenbruch von Eschede – Technische Hintergründe, ZEVrail Glasers Annalen, 128 (2004) 6–7 Juni–Juli.

Werkstoffe in der Gesellschaft 7

Zusammenfassung

Werkstoffe sind kein Selbstzweck, sondern werden in der und für die Gesellschaft entwickelt. Hier – wie in andern Feldern Neuer Technologien – spielt Kommunikation eine große Rolle, um Debatten über Chancen und Risiken zu führen, aber auch um bei jungen Leute Interesse für das Feld, möglicherweise einen Berufswunsch zu wecken.

7.1 Chancen und Herausforderungen

Was der Mensch nicht hat, das muss er erfinden. Wenn die Zahl der chemischen Elemente als Grundbausteine auch begrenzt ist, lässt sich daraus eine enorme Vielfalt an Stoffen erzeugen. Aber schon die Alchemisten wussten, dass der Mensch nur schaffen kann, was auch die Natur vermag. Und so sind Verbundwerkstoffe, nanobeschichtete Oberflächen, Intelligente Materialien und Quasikristalle meistens gar nicht neu – sondern finden sich bereits in der Natur. „Mit der Natur über die Natur hinaus" [44] könnte daher das Motto für Materialwissenschaft und Werkstofftechnik sein.

M.-D. Weitze, C. Berger, *Werkstoffe*, Technik im Fokus,
DOI 10.1007/978-3-642-29541-6_7, © Springer-Verlag Berlin Heidelberg 2013

7.1.1 Werkstoffe sind keine Wunderstoffe

Bei allem Streben nach Qualität, Zuverlässigkeit, Sicherheit – neue Materialien und Werkstoffe schaffen nicht nur neue Möglichkeiten, sondern auch neue Risiken und Umweltprobleme. Dabei sind Risiken bei hohem Nutzen keineswegs ein Ablehnungsgrund. Vielmehr sollten sie Anlass sein für eine Nachjustierung und Modifikation. Wenn dann immer noch größere Risiken bestehen, ist eine frühzeitige, ergebnisoffene Risikokommunikation erforderlich, aus der ggf. auch ein Verzicht auf bestimmte Anwendungsfelder resultieren könnte [45].

Die Giftwirkung chemischer Stoffe, die bei der Produktion freigesetzt werden oder auch während des Gebrauchs oder der „Entsorgung", ist durchaus kein neuartiges Problem. So entstand wegen der Verwendung schwefelhaltiger Erze bei der Eisenverhüttung und Stahlgewinnung im 19. Jahrhundert Schwefeldioxid, das zu lokalen Waldschäden führte. Die scheinbare Lösung dieser Probleme durch hohe Schornsteine beschreibt der Technikhistoriker Walter Kaiser als „schlichte Umsetzung des Sankt-Florian-Prinzips in die Technik (...), mit dem Rauchgase zwar verdünnt, die Umweltschäden aber lediglich in entferntere Gebiete verlagert wurden" [46]. Mit der flächendeckenden Industrialisierung im 20. Jahrhundert ließen sich Umweltschäden sowieso nicht mehr lokal begrenzen. Materialwissenschaft und Werkstofftechnik haben sich freilich der Herausforderungen etwa schädlicher Abgase angenommen; so entstanden beispielsweise Entschwefelungsanlagen für Kraftwerke und Abgaskatalysatoren für Kraftfahrzeuge. Beispiele für Energieeffizienz, die ebenfalls einen wesentlichen Beitrag „für die Umwelt" liefert, wurden in Kap. 3 dargestellt.

Das Beispiel Asbest zeigt, wie eine selektive Wahrnehmung bzw. ein Nicht-Wahrhabenwollen relevanter Studien und damit ein zu spätes Erkennen von Gesundheitsrisiken zu erheblichen Kosten für die Allgemeinheit führen kann. Bereits in der Antike wurden Dochte und feuerfeste Tücher aus dem „Unvergänglichen" (das bedeutet asbestos altgriechisch) gefertigt. Asbest – dies ist eine Sammelbezeichnung für faserförmig kristallisierende Silikat-Minerale, die aus Silizium, Magnesium und Sauerstoff aufgebaut sind – ist unbrennbar, beständig bis 1000 Grad Celsius, es ist zugfest und elastisch, witterungsbeständig und leicht – sowie billig und in riesigen Mengen verfügbar. Es wurde massenhaft als Baustoff verwendet (in Form von Platten oder Asbestzement), aber auch in Bremsbelägen, Toastern und Topflappen – kurz: „der Staub saß in allen Fugen der Gesellschaft" [47]. Dabei hatte man bereits um 1900 die „scharfe, glasartige, zackige Natur der Partikel" unter dem Mikroskop erkannt – und ebenso die schädlichen Auswirkungen. Etwa die später als „Asbestose" bezeichnete Verletzung der Lunge durch Asbestnadeln, die zu Entzündungen und Gewebekarzinomen führt, indem inhalierte, mikrometerkleine Asbestteilchen tief in die Lunge gelangen. Selbst in geringster Dosis ist Asbest ein stark krebserregender Stoff.

Vor solch einem Hintergrund der vielfältigen Chancen und Herausforderungen der Werkstoffe ist es weder hilfreich, im Marketing-Jargon eine „Wunderwelt Werkstoffe" [48] oder „Wunderwelt der Nanomaterialien" [49] zu beschwören, noch einen Stopp für den Einsatz synthetischer Nanomaterialien in umweltoffenen und verbrauchernahen Anwendungen zu fordern [50] und damit Nanomaterialien pauschal als Umweltproblem an den Pranger zu stellen.

7.1.2 Entsorgung

Für Deutschland haben Rohstoffimporte eine große Bedeutung. Engpässe, die u. a. durch eine weltweit steigende Nachfrage insbesondere der Entwicklungs- und Schwellenländer zu erwarten sind, können für die Produktivität ein Hindernis werden. Da grundsätzlich immer kostspieligere und energieintensivere Verfahren benötigt werden, um an natürlich Vorkommen zu gelangen, sind ein schonender Umgang mit den Rohstoffen und ein möglichst weitgehendes Recycling auf ökonomischer und aus ökologischer Sicht von großer Bedeutung [51].

Die Rückgewinnung von Rohstoffen wird seit Jahrhunderten bei der Edelmetall-Rückgewinnung praktiziert. Aus Mobiltelefonen und Laptops werden Edelmetalle heute pyrometallurgisch gewonnen, d. h. nach einem Verbrennungsprozess werden die Metalle aus den Schlacken gewonnen. Aber auch Metalle wie Aluminium und Stahl, deren Herstellung sehr energieintensiv ist, werden zu großen Teilen recycelt: Aluminium kann fast vollständig wiederaufbereitet werden, so dass der Bedarf an Aluminium heute zu fast einem Drittel aus wiederaufbereiteten Schrott gedeckt wird – wozu man nur fünf Prozent der Energiemenge im Vergleich zu Aluminium aus Erzen benötigt. Aber Stahl ist der Werkstoff, der weltweit am meisten recycelt wird. 570 Millionen Tonnen Stahlschrott waren es im Jahr 2011 – das sind mehr als beispielsweise Papier oder Glas. Im Jahr 2010 wurden in Deutschland 43,8 Millionen Tonnen Rohstahl erzeugt – 44 Prozent davon aus recyceltem Material [52].

Jährlich werden weltweit hunderte Millionen Tonnen Kunststoff produziert. Statt recycelt zu werden, landet jedoch noch immer ein beträchtlicher Teil, auch in Europa, im Müll – und kann auf unterschiedlichen Wegen in die Weltmeere gelangen. Sichtbares Zeichen sind riesige Müllteppiche von Kunststoffen, die in den Ozeanen treiben. Zusammengeschoben durch kreisförmige Meeresströmungen, finden sich hier PET-Flaschen, Plastiktüten, aber auch Millimeterkleine Kunststoffteilchen. Gerade ihre Eigenschaften, die sie als Werkstoffe so wertvoll machen, stellen hier ein Umweltproblem dar: Kunststoffe sind Jahrzehnte und Jahrhunderte lang stabil, werden von Mikroorganismen nicht angetastet, also auch nicht abgebaut. Dabei tragen sie toxische Weichmacher und Farbstoffe sowie Schwermetallbeimengungen in die Umwelt.

Stoffliches Recycling von Kunststoffen gelingt insbesondere mit Thermoplasten: So lässt sich der Werkstoff aus gebrauchten PET (Polyethylenterephthalat)-Flaschen wiederverwerten, indem die Flaschen zerkleinert, gereinigt und erhitzt werden. Die langen Polymerketten bleiben dabei intakt, und indem die Schmelze durch Düsen gepresst wird, entstehen Fasern, die zu Taschen oder anderen Textilien verarbeitet werden können. Indem man durch Umkehrung der Polymerisations-Reaktion die Ausgangssubstanzen wiedergewinnt, lassen sich Kunststoffe auch „rohstofflich" wiederverwerten. Diese Verfahren sind aufwändig und nur für wenige Polymere anwendbar. Die thermische Verwertung (schlicht das Verbrennen) bietet eine dritte Möglichkeit, Kunststoffe am Ende ihres Produktlebens nochmals zu nutzen, und zwar zur Energieerzeugung und als Kohlenstoffquelle bei der Erzverhüttung.

Die Wiederverwertbarkeit durch Recycling wird zunehmend bereits bei der Werkstoffherstellung bzw. Produktherstellung berücksichtigt. So im Fall der Verbundwerkstoffe, wo neben Produktionsabfällen zunehmend Bauteile nach ihrem Lebenszyklus anfallen. Eine Wiederverwertung der Bauteile ist eine Option, oder die Auftrennung (Zerkleinern und Sortieren) und eine anschließende Verbrennung oder Wiederverwendung einzelner anfallender Werkstoffsorten. Durch effizientes Recycling – so die Hoffnung etwa im Fall der CFKs – können die Werkstoffkosten insgesamt gesenkt werden.

7.2 Informationsquellen

Es gibt mindestens drei Grundlagen einer erfolgreichen Kommunikation über Chancen und Risiken neuer Technologien und Werkstoffe: Erstens die Einbindung und Aufarbeitung der besten Expertise, die für dieses Problem vorhanden ist. Zweitens die aktive Teilhabe an den Argumenten und Begründungen durch gesellschaftliche Gruppen, sofern dies nachgefragt wird. Und Drittens die Erhöhung des Vertrauens in den vorhandenen Bewertungsprozess durch nachvollziehbare Informationspolitik. Alle in den Dialog über neue Technologien einbeziehen zu wollen, so beschreibt es der Stuttgarter Techniksoziologe Ortwin Renn, wäre eine Überforderung des Kommunikationssystems einer jeden Gesellschaft; nur auf die Wirkung von Information zu setzen, bleibt eine Illusion. Erst die richtige Mischung zwischen wissenschaftlicher Analyse, öffentlichem Diskurs und prozessorientierte Öffentlichkeitsarbeit macht den Erfolg der Kommunikation aus und wird den Erfordernissen einer innovativen, effektiven und demokratischen Technikentwicklung gerecht (vgl. [53]). Im Folgenden werden einige Beispiele von Werkstoff-Kommunikation vorgestellt.

Mögliche Ziele der Kommunikation im Bereich der Werkstoffe sind vielfältig: So können das Interesse und die Technikaufgeschlossenheit breiter Teile der Bevölkerung durch Ausstellungen und Museen gesteigert werden. Dabei reicht die Tradition weit zurück; ein Meilenstein war die Werkstoffschau in Berlin im Jahr 1927, die der „Selbstdarstellung, Charmeoffensive und Verhandlungsplattform der [...] deutschen Industrie" diente und sich sowohl an ein Fachpublikum als auch an die Öffentlichkeit richtete [54].

Die großen Technikmuseen wie das Deutsche Museum mit Ausstellungen zu Metallen (Abb. 7.1), Glastechnik, Keramik, Papiertechnik [55] oder das Science Museum in London [56] thematisieren selbstverständlich Werkstoffe. Denkmäler wie das Weltkulturerbe Völklinger Hütte erlauben einen Rundgang durch Industriekultur [57]. Daneben gibt es

Abb. 7.1 Die Vorführ-Gießerei in der Ausstellung „Metalle" des Deutschen Museums. (Bildrechte: Deutsches Museum)

Museen für einzelne Werkstoffklassen wie das Deutsche Kunststoffmuseum [58], das seine Sammlung in mobilen Ausstellungen zeigt.

Nicht als öffentliche Einrichtung, sondern als Bindeglied zwischen Materialherstellern und -anwendern versteh sich Material ConneXion [59], dessen Beratungsleistungen u. a. auf einer umfangreichen Materialbibliothek von mehreren Tausend Materialproben und Musterteilen beruhen [60, 61].

Eine Wanderausstellung „expedition materia" des Bundesministeriums für Bildung und Forschung zielte darauf ab, die Kluft zwischen der herausragenden Bedeutung der Werkstoffe und der geringen Wahrnehmung in der Öffentlichkeit zu überbrücken (40 Exponate, 300 Quadratmeter, eröffnet 2007). Die Bedeutung von modernen Werkstoffen für

Abb. 7.2 Nanotechnologie zum Ausprobieren: Dieses Exponat der „expedition materia" zeigt den Simulator eines Rasterkraftmikroskops (atomic force microscope, AFM), mit dem Oberflächen im atomaren Maßstab untersucht werden können. (Bildrechte: VDI-TZ)

das alltägliche Leben sollte erlebbar werden, Werkstofftechnik sollte sich aber auch als interessantes Berufsfeld darstellen (Abb. 7.2).

Tatsächlich ist neben dem Wecken von Interesse und der Thematisierung kontroverser Themen die Gewinnung von Nachwuchs für Berufe in diesem Bereich ein weiteres legitimes Ziel der Werkstoff-Kommunikation. So sollen in der Wanderausstellung „Forschungsexpedition im Land der Materialwissenschaft und Werkstofftechnik" der Deutschen Gesellschaft für Materialkunde (DGM) [62] acht interaktive Exponate vor allem junge Leute für Materialwissenschaft und Werkstofftechnik begeistern. Die Ausstellungsstücke vermitteln spielerisch den Einfluss der Materialforschung auf unser tägliches Leben und vermitteln den Schritt vom Staunen zum Denken.

Im Schülerlabor „Science meets School" der TU Bergakademie
Freiberg [63] entdecken Schülerinnen und Schüler ab der 8. Jahrgangs-
stufe durch eigenes Experimentieren wissenschaftliche Arbeitsmethoden
und technologische Prozessschritte. Als „Werkstoff-Detektive" erkunden
sie die Welt der Materialien, ihre Erzeugung und wichtige Materialeigenschaften. Eigenes Experimentieren in realen Forschungslaboren
verdeutlicht, wie entscheidend beispielsweise die Mikrostruktur eines
Werkstoffs für dessen Eigenschaften ist. Dafür stehen moderne For-
schungsgeräte wie ein Rasterelektronenmikroskop zur Verfügung.

Materialwissenschaft und Werkstofftechnik bieten durch ihr breites
Anwendungsspektrum und die Interdisziplinarität vielfältige Berufsaus-
sichten in Forschungseinrichtungen, technischen Überwachungsanstal-
ten und in der Wirtschaft (eine Übersicht gibt der Studienführer der
Deutschen Gesellschaft für Materialkunde [64]). Eigenständige Studiengänge zu Materialwissenschaft und Werkstofftechnik oder auch Studien-
bzw. Vertiefungsrichtungen natur- oder ingenieurwissenschaftlicher Studiengänge finden sich an Universitäten und Fachhochschulen [65].

7.2.1 Weiterführende Literatur

Selbstverständlich werden Werkstoffe auch in Form von allgemeinver-
ständlichen Büchern oder Broschüren thematisiert. Hier werden Litera-
turhinweise genannt, die zugleich als die weiterführende Literatur für
diesen Band betrachtet werden können:

Allgemeinverständliche Übersichtsbände (alphabetisch nach Autoren):

- P. Ball: Made to Measure: New Materials for the 21st Century, 1997.
- H.-J. Bullinger (Hg.): Technologieführer, Springer, Berlin, Heidelberg
  2007.
- H. R. Kricheldorf: Menschen und ihre Materialien. Wiley-VCH,
  Weinheim 2012.
- B. Quinn u. a.: Ultra Materials: How Materials Innovation Is Chan-
  ging the World, Thames & Hudson 2007.
- R. Schwab: Werkstoffkunde und Werkstoffprüfung für Dummies,
  Wiley-VCH, Weinheim 2011.

Allgemeinverständliche Darstellungen zu Einzelthemen (entlang von Werkstoffklassen und Anwendungsfeldern):

- Arbeitsgemeinschaft Deutsche Kunststoff-Industrie (Hg.): Kunststoffe – Werkstoff unserer Zeit, 14. Aufl., Frankfurt 2012.
- Deutsches Kupferinstitut: Messing – Ein moderner Werkstoff mit langer Tradition, http://www.kupferinstitut.de/front_frame/pdf/messing.pdf
- Deutsches Kupferinstitut: Bronze – Unverzichtbarer Werkstoff der Moderne, http://www.kupferinstitut.de/front_frame/pdf/Bronze_040122_screen.pdf
- Stahl-Informations-Zentrum: Schaubild „Wege zum Stahl", http://www.stahl-info.de/schriftenverzeichnis/pdfs/D519_Schaubild_Wege_zum_Stahl.pdf
- Brütsch/Rüegger AG: Das Gefüge der Stähle, http://www.brr.ch/web4archiv/objects/objekte/metals/ts/1/03_d.pdf
- D. Schmitt-Landsiedel, C. Friederich: Von der Mikroelektronik zur Nanoelektronik. In: C. Kehrt et al.: Neue Technologien in der Gesellschaft, transcript, Bielefeld 2011.
- P. Russer et al. (Hg.): Nanoelektronik: Kleiner – schneller – besser (acatech DISKUSSION), Springer, Heidelberg, Berlin 2013
- V. Wesselak, S. Voswinckel: Photovoltaik (Technik im Fokus), Springer, Berlin, Heidelberg 2012.

Lehrbücher und Fachübersichten (alphabetisch nach Autoren):

- D. R. Askeland, P. P. Fulay, W. J. Wright: The Science and Engineering of Materials (SI Edition),6th edition, Cengage Learning 2011.
- M. F. Ashby: Materials Selection in Mechanical Design: Das Original mit Übersetzungshilfen, Spektrum Akademischer Verlag, Heidelberg 2006.
- W. D. Callister, D. G. Rethwisch, Materialwissenschaften und Werkstofftechnik, Wiley-VCH, Weinheim 2013.
- H. Czichos, M. Hennecke (Hg.): HÜTTE - Das Ingenieurwissen (34. Aufl.), Springer, Berlin, Heidelberg 2012.
- H. Gräfen, Werkstofftechnik Lexikon, VDI Verlag, Düsseldorf 1991.
- K.-H. Grote, J. Feldhusen (Hg.): Dubbel Taschenbuch für den Maschinenbau, Springer, Berlin, Heidelberg 2007.

- E. Hornbogen u.a.: Werkstoffe, Springer, 10. Aufl., Berlin Heidelberg 2012.
- S. Kalpakjian, S.R. Schmid, E. Werner: Werkstofftechnik, Pearson Studium 2011.
- J. F. Shackelford: Werkstofftechnologie für Ingenieure, Pearson Studium, 2005.

Literatur

[44] A. Nordmann: Mit der Natur über die Natur hinaus? In: Kristian Köchy, Martin Norwig, Georg Hofmeister (Hg.): Nanobiotechnologien: Philosophische, anthropologische und ethische Fragen, Karl Alber, München 2007.

[45] M. Zwick: Werkstoffe in der Wahrnehmung der Öffentlichkeit: Interesse – Erwartungen – Ressentiments, Vortrag auf dem acatech Side Event „Unsichtbar aber unverzichtbar: Wie steigern wir die Wahrnehmung von Materialwissenschaft und Werkstofftechnik in der Öffentlichkeit?" Darmstadt, 25.08.2010.

[46] H.-J. Braun, W. Kaiser: Energiewirtschaft, Automatisierung, Information seit 1914 (Propyläen Technikgeschichte, Bd. 5), Propyläen Verlag, Berlin 1992, S. 473.

[47] M. Kriener: Das tödliche Wunder, DIE ZEIT v. 29.1.2009, S. 82.

[48] PT Jülich (Hg.): Wunderwelt Werkstoffe, 2006, http://www.ptj.de/lw_resource/datapool/_items/item_2313/wunderwelt_werkstoffe.pdf.

[49] Fonds der chemischen Industrie (Hg.): Wunderwelt der Nanomaterialien, 2008, https://www.vci.de/Downloads/Nanomaterialien_Textheft.pdf.

[50] http://www.bund.net/themen_und_projekte/nanotechnologie/forderungen_des_bund

[51] Positionspapier „Chemie als ein Innovationstreiber in der Materialforschung" von Dechema u. a., 2012, S. 65.

[52] http://www.stahl-info.de/Stahl-Recycling/stahlrecycling.asp

[53] acatech: Perspektiven der Biotechnologie-Kommunikation (acatech POSITION), Springer, Berlin, Heidelberg 2012.

[54] G. Luxbacher: Wertarbeit mit Ersatzstoffen? Ausstellungen als Bühne deutscher Werkstoffpolitik 1916 bis 1942, in: Dresdner Beiträge zur Geschichte der Technikwissenschaften, Heft 31 (2006), S. 3–24.

[55] http://www.deutsches-museum.de/ausstellungen/werkstoffe-produktion

[56] http://www.sciencemuseum.org.uk/visitmuseum/galleries/challenge_of_materials.aspx

[57] http://www.voelklinger-huette.org

[58] http://www.deutsches-kunststoff-museum.de

[59] http://de.materialconnexion.com

[60] G. M. Beyerlian, A. Dent: Material ConneXion, Thames & Hudson 2005.

[61] G. M. Beyerlian, A. Dent, B. Quinn (Hg.): UltraMAterials. Innovative Materialien verändern die Welt, Prestel Verlag 2007.

[62] http://www.dgm.de/dgm/forschungsexpedition

[63] http://schuelerlabor.tu-freiberg.de

[64] Deutsche Gesellschaft für Materialkunde (Hg.): Checkpoint Zukunft: Der DGM Studienführer, http://www.dgm.de/dgm/images/DGM-Studienfuehrer.pdf.

[65] Studientag Materialwissenschaft und Werkstofftechnik, http://www.stmw.de/

Sachverzeichnis

M.-D. Weitze, C. Berger, *Werkstoffe*, Technik im Fokus,
DOI 10.1007/978-3-642-29541-6, © Springer-Verlag Berlin Heidelberg 2013

Printed in the United States
By Bookmasters